MINGUO JIANZHU GONGCHENG QIKAN HUIBIAN

民國建築工程期刊匯編

44

《民國建築工程期刊匯編》編寫組 編

GUANGXI NORMAL UNIVERSITY PRESS

广西师范大学出版社

·桂林·

第四十四册目录

建築月刊 一九三四年第二卷第四期……………………22045

建築月刊 一九三四年第二卷第五期……………………22047

建築月刊 一九三四年第二卷第六期……………………22141

建築月刊 一九三四年第二卷第七期……………………22233

建築月刊 一九三四年第二卷第八期……………………22333

建築月刊 …………………………………………………22425

建築月刊

The BUILDER

建築月刊

VOL. 2 NO. 4

第二卷 第四期

徵求本會會員

上海建築協會

廣廈光聲

林森題

22048

22049

22052

22053

22055

瑞昌五金銅鐵工廠

銅鐵五金

承辦建築第一

一切銅鐵工程

常備大批

新式異樣

堅固門鎖

22058

22059

建築月刊　第二卷第四號

民國二十三年四月份出版

目錄

插圖

計擬中之上海南京路中央大廈 ………………………………… 二

南京路中央大廈底層及上層平面圖 ……………………………… 三

進行中之建築

　　上海峻嶺寄廬椿工完竣之攝影 ………………………………… 四

　　峻嶺寄廬運汽爐之攝影 ……………………………………… 五

　　峻嶺寄廬建築至三層時攝影 ………………………………… 六

　　正在建築中之峻嶺寄廬前面攝影 …………………………… 七

　　正在建築中之峻嶺寄廬背影 ………………………………… 八

上海百樂門跳舞場 ………………………………………………… 九

最近完成之上海北四川路新亞酒樓 …………………………… 一〇

建築中之上海萊斯德工藝學院圖樣全套 ……………………… 一一—一七

譯著

上海峻嶺寄廬建築圖樣全套 …………………………………… 一八—二三

財盡其用的萊斯德先生 ....漸 ...... 一一—一二

上海市建築協會第二屆徵求會員大會特輯

　　上海市建築協會第二屆徵求會員大會宣言 ....一五

　　章　程 ....一六

　　附錄成立大會宣言 ....一七—一八

　　建築同業應有之認識 ....陶桂林 ......二九

　　我國建築業過去的失敗與今後的努力 ....謝秉衡 ......二〇

　　本會二屆徵求會員感言 ....湯景賢 ......三一

　　本會之使命 ....江長庚 ......三四

　　有望於本會發起人者 ....盧松華 ......三五

　　貢獻於建築協會第二屆徵求會員大會之芻見 ....殷信之 ......三六

　　建築工業之興革 ....杜彥耿 ......三七—四〇

　　本會事業之前瞻 ....賀敬第 ......四一

粵漢鐵路株韶段工程 ....振　聲 ......四二—四七

萬國建築協會第四次會議追誌 ....四八—四九

美國建築界服務人員及商店之統計 ....朗　琴 ......五〇—五二

建築材料價目表 ....五三—五七

附　載

　　上海市營造廠業同業公會會訊 ....五八—五九

編　餘 ....六〇

22062

廣告索引

大中磚瓦公司
英商茂隆有限公司
霖臣洋行油漆部
新成鋼管製造公司
美商美和公司
開灤礦務局
大美坍板公司
合衆水泥花磚廠
比國鋼業聯合社
久泰記營造廠
美益水電工程公司
中國石公司
冬泰銅鐵翻砂廠
美和洋行
合作五金公司
瑞昌銅鐵五金工廠
茂和公司
永豐灰板公司
信孚油漆發璜公司
合豐行
國泰陶器公司
商業月報
新仁記營造廠
中國造木公司
久記營造廠
公勤鐵廠
大來洋行木部
張裕泰建築事務所
張德興電料行
謙信機器公司
祥泰木行
馥記營造廠
遠東雲石公司
中國製釘公司
英豐洋行
英商吉星洋行

THE BUILDER

April 1934   Vol. 2 No. 4

LEADING CONTENTS

ILLUSTRATIONS

Proposed "Central" Building, Nanking Road, Shanghai.

Photographs of Current Construction: "Grosvenor House".

Newly Completed Paramount Ballroom.

Newly Completed New Asia Hotel, Shanghai.

The Lester School and Technical Institute, Shanghai.

The Grosvenor House, Shanghai.

ARTICLES

Story of Lester Bequest.

SPECIAL ARTICLES ON THE SHANGHAI BUILDERS' ASSOCIATION SECOND MEMBERSHIP DRIVE.

Shanghai Builders' Association Manifesto for the Second Campaign for New Membership.

Regulations of the Shanghai Builders' Association.

First Manifesto of the Shanghai Builders' Association.

Cooperation of Fellowmembers. By Q. L. Dao

Future Building Trade in China. By P. H. Zia

Membership Campaign of the Shanghai Builders' Association and My Opinion.   By C. H. Tong

Shanghai Builders' Association and Its Work.
                    By H. K. Kaung

Shanghai Builders' Association and Its Future.
                    By S. W. Lu

Shanghai Builders' Association and Its Progress.
                    By S. T. Ine

Shanghai Builders' Association and Its Aim for Better Building Trade.   By. N. K. Doo

Shanghai Builers' Association and Its Duty.
                    By K. D. Woo

Canton-Hankow Railway.   By T. S. Chang

Fourth International Congress of Building Societies.

Building Employment in America.

Cost of Building Materials.

News of the Shanghai Building Contractors' Guild.

Editorials.

計擬中之上海南京路中央大廈

其瀉建築師設計

Proposed "Central" Building, Nanking Road, Shanghai.

H. J. Hajek, B. A. M. A. & A. S. Architect.

— 2 —

計擬中之上海南京路中央大廈（底層及上層平面圖）

Typical Floor, ⅛″=1′0″

Ground Floor, ⅛″=1′0″

3

22065

中 行 邊 CURRENT CONSTRUCTION

View showing piles driven and ready for construction work of the Grosvenor House——Palmer & Turner, Architects——Sin Sun Kee, General Building Contractors.

新蓀記營造廠承造

上海峻嶺寄廬椿工完竣之攝影

PHOTOGRAPHS OF 築建之

Delivery of boiler to the cellar of the Grosvenor House. There are four similar boilers, each equipped with 12,000,000 B. T. U.

公和洋行築建師

上海峻嶺寄廬搬運汽爐之攝影

Reinforced concrete frame work of the Grosvenor House up to the second floor, with the Cathay Mansion at the background.

上海峻嶺寄廬建造至三層時攝影
一後面矗立之大厦爲華懋房子一

22068

Front view of the Grosvenor House Showing construction work in process.

正在建築中之峻嶺寄廬前面攝影

View taken from the rear of the Grosvenor House Showing construction work in process.

正在建築中之峻嶺寄廬背影

上海百樂門跳舞場

楊錫鏐建築師設計　陸根記營造廠承造

Newly Completed Paramount Ballroom.

S. C. Young, Architect.
Loh Kung Kee, Contractor.

22071

最近完成之上海北四川路新亞酒樓

五和洋行建築師設計　桂蘭記營造廠承造

Newly Completed New Asia Hotel, Shanghai——Republic Land Investment Co.,
Architects——Kwei Lan Kee, Contractor.

22072

財盡其用的萊斯德先生

漸

興業中土慷慨可風

已故僑滬英商萊斯德氏，係一建築師兼土木工程師，為德和打樣地產行之創辦人。氏歿於一九二六年五月十四日。蒞滬之初，孑然一身，別無長物。迨後從事建築工程及地產事業，勤儉自勵，積資一千四百三十四萬餘兩，成為巨富。氏於生前（一九二四年十二月十日）預立遺囑，將此遺產撥充禮拜堂學校、機械設備及基金等。並組織萊斯德遺產委員會，在遺囑中並敕卹提撥獎學金，資助學藥優良之形體雖已物化，其精神其畢業將傳諸億萬年而不滅；古道熱腸，誠可風矣！

並組織萊斯德救濟基金，麥家圈萊斯德醫院之房屋，鼓勵專攻醫藥，外科醫術、土木工程、建築工程、及其他實用科學之探討及研究。萊氏以一客籍僑民，能慨捐鉅款，興業中土，畢辦慈善，培植專材。

十年樹木百年樹人

在萊氏巨額遺產中，其用途最足引吾人注意者，厥為建築工藝學校之創立。此校現已鳩工興建，規模宏大，在遠東首屈一指。能容學生三百餘人，以中國籍者為主。此校之創立，在事前曾經縝密之籌備。一九二七年五月十四日，遺產委員會接收萊氏遺產後，於六月間即致書香港大學，對於萊斯德學院之創設，請予襄助，伸早觀厥成。港大校長葛禮明接函後，即派歐爾為代表，於當年九月首途來滬，參與其事。歐氏到滬後，即擬就報告書，得香港大學與遺產委員會之核准，根據此報告，作初步討論，旋即議決建造二院，一為醫藥，一即工藝。遺產委員會並聘歐氏為顧問，此舉育得英領袖及顧問會之許可云。

採取英式示不忘本

創設工藝學校之議既決，即派歐爾博士赴歐考察關於萊斯德學院之設計。一九二八年港大復派白朗博士往歐，助同歐博士探討英國工業制度，俾移用於上海。白朗博士第一次計劃書，於一九二九年攜帶來滬，迨一九三一年終，更草一詳盡之計劃書，關於學校之建築與設備及造價之估計，多所建議。據遺產委員會聲稱，此程詳細計劃所以遲緩實現之原因，係因其時銀價低落，殊不合算。至一九三二年六月決即進行建築校舍。並任命黎里氏（Mr. Bertram Lillie）為第一任校長。該校校址在上海虹口東熙華

萬餘兩，於是在一九三三年六月決即進行建築校舍。並任命黎里氏

理想標準尚遠。萊斯德學校之創立，實負有此種推進「健康」運動之使命。該校剏辦伊始，編者尚未能窺其趨勢，知其立場；但該校教育宗旨能「為大眾謀幸福，不為少數供點綴」，則編者所深望者也。

楊路元芳路口，於本年二月十六日舉行奠基典禮。建築經費約百萬元，定於本年九月完工，九月下旬即可招生開學云。

該校儀器設備，完全採購最新式者，試驗機、工場機械、實驗室器械等，總值約需四十餘萬元。至於課程設備，因欲適合上海環境之需要起見，校長黎氏曾博採眾見，俾收成效。下列諸君即貢獻意見，予以實助者：（一）祥興洋行麥雲爾君（二）營造廠業同業公會張效良君（三）中華職業學校校長賈豐臻君（四）潛浦局養德利博士（五）江南造船廠嚴陳嚴廠長（六）約翰大學尹爾嘉教授（七）上海電話公司奇爾君（八）工部局工務處長哈伯君（九）工部局教育處長海需君與華人教育處長陳鶴琴君（十）交通大學黎照寰校長（十一）上海自來水公司披霞生君（十二）棉紗實業委員會唐君。

設計規劃校舍者為德和洋行之鮑斯惠爾建築師，現在校舍設計，留有餘地頗多，將來學額增加，尚可擴充建築。承造者為本埠久泰錦記營造廠，茲將該校全套圖樣刊登於后，以供參閱。

編者按：讀上期朋琴君所譯「中國之製造」一文，中有「人類居於室中，猶靈魂之樓於身體。……現在為力學科學之智識之時期，每人在地球上應得之產業，為一健康之住屋云。」語重意長，低乎言之。病以人生樓息於住屋（指私人住屋言）之時間佔三之一，住屋之是否「健康」，實影響個人之精神與事業。吾國產業不振，生活程度低落，居室之「僅堪容膝」者居其半數，「不類人居」者又居其大半；崇樓廣廈，僅為畸形之點綴，欲求一般住屋之「健康」，距

THE LESTER SCHOOL TECHNICAL INSTITUTE SHANGHAI

The Lester School & Technical Institute, Shanghai.

Lester, Johnson & Morriss, Architects.
Z. Kow Tai, General Building Contractors

建築中之上海萊斯德建築工藝學院

設計者：德 和 洋 行
承造者：久泰錩記營造廠

GROUND FLOOR PLAN

The Lester School & Technical Institute, Shanghai.

莱斯德建築工藝學院　下層平面圖

FIRST FLOOR PLAN

莱斯德建築工藝學院　二層平面圖

The Lester School & Technical Institute, Shanghai.

SIDE ELEVATION

The Lester School & Technical Institute, Shanghai.

萊斯德建築工藝學院 側面圖

22078

莱斯德建筑工艺专科学校 剖面图

The Lester School & Technical Institute, Shanghai.

22079

The Grosvenor House, Shanghai.

Palmer & Turner, Architects.
Sin Sun Kee, Contractors.

　　峻嶺寄廬，位於邁爾西愛路，北依蒲石路，高凡二十一層，與華懋房子，巍然對峙。該屋內外俱用避火材料建築，舉凡近世最新式之公寓裝飾及佈置，無不具備。本期除將其全套圖樣刊登，藉供讀者參閱外，並將該屋工程進行中之照片數幀，載於本期"進行中之建築"欄；此圖連鎖性之施工攝影，使讀者閱時，宛如置身該屋工場中。閱業主為華懋地產公司，設計者公和洋行，承造者新搖記營造廠。再該屋外口之四層公寓及店面，亦已開始投標云。

GROUND FLOOR PLAN

The Grosvenor House, Shanghai.

峻嶺寄廬——底層平面圖

22081

FIRST FLOOR PLAN

二層平面圖 峻嶺寄廬

The Grosvenor House, Shanghai.

22082

TYPICAL FLOOR PLAN FLOOR NOS. 2-12

峻嶺寄廬 三層至十三層平面圖

The Grosvenor House, Shanghai.

22083

NORTH - EAST ELEVATION DEVELOPED

陵嶺寄廬　東北立面圖

The Grosvenor House, Shanghai.

22084

SECTION C-C

The Grosvenor House, Shanghai.

嶺嵩寄廬　剖面及立面圖

WEST ELEVATION

22085

上期"克勞氏法間接應用法"一文應改正各點

第 30 頁第二行 "direct and shear"，應為 "direct stress and shear"。

第二圖右端上角D點應加畫"⟵——— H₁。"

第十圖右端下角之"—900h"，應為"—1900h"。

『西摩近』水門汀漆之優點

（一）『西摩近』係純粹之胡麻子油漆。與平常油漆完全不同。其特點能在各種水門汀物質上。有完全之黏着性。此漆係用特殊方法製成，故凡水門汀物已經乾燥數日後。即可施用。毫無弊端。在已用本漆者早已發現此優點矣。

（二）『西摩近』對於一切之漆灰壁面尤屬有用。凡已曾油漆之壁面。遇有損壞部分。若再用水門汀修補之。於數日後用本漆敷之。則可與舊漆無纖毫之差異。

（三）『西摩近』漆之易於塗刷。尤為本漆之顯著優點。不特於其乾後具有平常油漆之光澤。而其黏性之牢固。實為其他油漆所不及。並可照需用之速度濃淡溶成合於噴漆之用。

（四）『西摩近』漆施之於新鉛皮上。亦甚適宜。但必須漆兩層。第一層用松節油或同類之油調入本漆塗於該鉛皮上。第二層卽將新開出之本漆塗之。如此雖鉛皮摺折。亦可免剝裂之弊。

（五）『西摩近』漆毫無毒質。內外層均可塗用。用時最少塗兩次。

22086

上海市建築協會第二屆徵求會員大會特輯

上海市建築協會第二屆徵求會員大會宣言

溯本會發軔於民國十九年春，由上海市建築界三十餘同仁共同發起，閱一載而正式成立。維時贊同加入者已逾百人，皆熱心發揚建築學術促進建築事業之建築界同志也。三載以還，雖國家多難，滬市凋敝，本會仍本其堅強之毅力勇往直行。諸同仁咸以公私薈集之身，而無時不予精神或物質上之慰助，使會務於風雨飄搖中，得慘淡經營而始終不懈。夫建築事業隨時代之巨輪以勤進，都市中之崇樓大廈日有新建；設實業計劃之一一實現，機關廠屋以及公共場所勢將大興土木，更有待乎建築界之服務。同仁既受國家之期望至切，亦應如何奮勉耶？今者，建築材料既多取自舶來，房屋設計又多仰仗外人，建築物之漸坍，即金錢之漏巵無已。尤以上海為甚，因建築物倣效西式，故多探材海外。凡此種種，我建築同人宜籌補救之策，不容或忽者也。當此物競之候，墨守繩規，終歸淘汰；拘囿一隅，未免寡聞。須推陳出新，以應時代之需要。本會創設之初衷，即本諸斯旨，如國貨材料之提倡，職工教育之實施，工場制度之改良等，嘗於成立大會宣言中劃切言之；歷年會務之工作進行，亦無時不引為準鵠，如建築月刊之發行，附屬夜校之創設，以及服務部之成立，所以提倡建築學術，培植專門人才，而督促建築事業之進展也。惟同人等寡於見聞，自慚棉薄，竊效距理想尚遠，現正勵精圖治，以謀次第實現。且也，獨木不能取火，積沙方可成塔，自必鞏固集團，作工戰之先鋒，共赴改革之陣線，庶幾建築物之光榮可期。惟茲事體大，非徵集同志，彙集羣思，循軌而作有效之奮進不可。我全國同業均應貢荷一分責任，同具救國之志，各本互助之心，以貫澈共存共榮之原則，建築事業有厚望焉。本會有鑒及此，爰有舉行第二屆徵求會員大會之決議，佇盼營造家建築師工程師監工員及建築材料商等，踴躍參加，共襄進行，建築業業幸甚！

上海市建築協會章程

定名 上海市建築協會

宗旨 本會以研究建築學術改進建築事業並表揚東方建築藝術為宗旨

會員 凡營造家建築師工程師監工員及與建築業有關之熱心贊助本會者由會員二人以上之介紹並繳執行委員會認可均得為本會會員

本會設執行委員會及監察委員會其委員均由大會產生

職員之

（甲）人數　執行委員會設委員九人候補執行委員三人監察委員會設委員三人候補監察委員二人執行委員互選常務三人

（乙）任期　常務委員中互選一人為主席　各項委員任期以一年為限連舉得連任但至多以三年為限各項委員未屆期滿而因故解職者以候補委員遞補之但以補足一年為限

（丙）職權　執行委員會執行會務籌議本會一切進行事宜對外代表本會並得視會務之繁簡酌雇辦事員辦理會務監察委員負監察全會之責任料執行委員及會員有提出彈劾之權

各項委員均為名譽職但因辦理會務得核實支給公費

職務 本會之職務如左

（一）調查統計建築工商或團體機關及有關於建築事務者

（二）研究建築學術傾體機關及有關於建築事務者

（三）提倡國產建築材料並介紹最新並安全之建築方法

（四）設計並徵集改良之建築方法介紹於國人

（五）表揚東方建築藝術介紹於世界

（六）設法提倡改善勞工生活與勞動條件

（七）建議有關改善建築事項於政府

（八）答覆政府之咨詢及委託事項

（九）舉辦勞工教育及職業教育以提高建築工人之程度並造就建築方面之專門人才

（十）印行出版物

（十一）舉辦建築方面之研究會及演講會

（十二）創設圖書館及書報社

（十三）設備會員俱樂部及其他娛樂事項

（十四）提倡並舉辦貯蓄機關及勞動保險

（十五）其他關於改進建築事業事項

會議 本會會議分下列三種

（甲）大會　本會每年舉行大會常會一次開會時討論重要會務報告帳略並修訂會章選舉執監委員其日期由執行委員會酌定通告

（乙）常會　執行委員會每月舉行常會一次同列席必要時並得舉行聯席會議

（丙）臨時會　凡執行委員三分之一或監察委員三分之二以上或會員十分之一以上之同意均得召集臨時大會

會員之權利及義務

（甲）義務

（一）會員均有繳納會費及臨時捐助之義務會費暫定每年國幣貳拾元臨時捐無定額由會員量力捐助之

（二）會員均應遵守會章如有違反由會員量力捐助之監察委員會提出彈劾予以除名或具函或登報警告之處分

（乙）權利

（一）會員得提出建議於執行委員會請求密議施行

（二）會員得依據會章請求召集臨時大會

（三）會員均有選舉權及被選舉權

（四）會員均得享受本會各項設備之使用權

（五）會員為得享受會章所定一切權利

（六）會員有正當理由得隨時提出退會惟已繳會費概不退還

會費 本會會費由會員繳納之如有餘裕由基金委員會負責保管不得用於無關本會之事

解散及清算 本會遇有不得已事變或會員三分之二以上之可決必須解散時必依法呈報當地政府備案並聲請清算方得行之

會址 南京路大陸商場六樓六二〇號

附則 本章程如有應行修正之處俟大會決定之並呈請當地政府核准施行

附錄上海市建築協會成立大會宣言

上海市建築協會發起同人，鑒於憑藉吾國固有建築技術之不足，與夫從實際經驗所喚起之自覺，而有糾組本會之動機。茲者以共同努力之結果，艱辛締造，幸觀厥成；同人等謹以至誠掬其旨趣，為邦人君子告焉。

夫建築一術，為國家文化之表徵，此殆不可諱言之事實；論一國文化之隆替者，莫不舉建築物之表現形式以覘其究竟。吾國舊有建築技術，設計幽默，結構謹嚴，氣度雄渾，外觀崇樓，歡千年來蔚為世界之表率。追溯當時犛貊之邦，尚處茹毛飲血，穴居野處之時期，而吾國已有宮室之美，台觀之樂，文化邁進，實力於建築之勃興。顧以時代演進，略無甯時，其間社會組織文物制度，在瞬間各自有其蛻變，即建築一術，亦推陳出新，爭奇炫異為務。卒以吾國為一種富於因循苟且性之民族，任舉一事一業，或倡一技一術。保守有餘，創造不足。即就建築而論，既已承襲先人之緒緒，亦不能發揮光大，加以演進，適應突進之時代要求；其建築之進展，日滋月苗，蔚為異觀。反觀歐美後進諸國，其關於建築學術之專門著作，更付闕如。研究建築學術之出版物，更充斥肆肆，俯拾即是，是故人民皆具有相當之建築知識，以促進住的幸福，而關於建築材料之發明，更日有所聞。同人等感念以先顧自居之吾國，長此蹉跎，勢將落伍，捫心自問，情何以堪！此後願廣緝東方建築技術之餘蔭，以新的學理，參融於舊有建築方法。；以西洋物質文明，發揚我國固有文藝之真精神，以創造適應時代要求之建築形式。勞以能力所及，致力於建築材料之發明，國貨；材料之提倡，作事實上之研究與倡導。此其一。

試觀建築工場中，從事於中下層工作者，其日常應付本能，泰半得諸實地工作中所換得之經驗，知其然而不知其所以然，未能以學理輔助經驗之不足。此輩工作人員，率因環境遇關係，在未澄身於建築事業前，不能獲得充分之教育機會，臨場應付，不得不爾：故其建築思想之幼稚，國際瞻觀，相形見絀。且僅恃經驗以為應付工作之利器，譬猶失舵之舟，蕩乎中流，漂乎中流，是故提倡職工教育，革進匠工心靈，而漫漫長途，亦乏遵循之準則，是故提倡職工教育，革進匠工心靈，又為本會之急務。此種職工教育之實施，其科目不期高深，但務實踐，俾此輩工作人員所受得之學理，不悖於經驗，經驗有恃乎學理，兩相為用，以增高工作上之效率。此其二。

吾國建築業之所以萎靡不振，工場制度之窳窳，與夫工場生活之不良，實為兩大主因。為工場主者，每不能以社會為對象為其服務之目的，但知斷斷錙銖，謀得個人業務上之利益。其觀察點僅及於現在，不知謀遠大之發展。為工作人員者，既乏學術上之訓練，又無道德之素養，馴至踸踔工場，不顧公德，或備懶惰性成，甘習下流。為童工者踸踔工場，搬磚運瓦，為工作人員，大好青春，如此蹉跎；身為場主者絕對不加顧惜，將其工餘時間善為利用，督促攻讀，扶掖其智力之發展。故此種童工，既至相當年齡，亦即形成有手足而無頭腦之苦工，盡其天年·不近人情，孰甚於此！凡此種種，馴至場主不能謀進工場制度，以保障工作人員之幸福，同時工作人員亦與場主觀合神離，不能收上下合作之效，此僅就工場之

概況而言，他如投身建築者因業務上之關係，私人間之酬酢，繁文
縟節，其習氣日趨澆薄；或因業務上利害之衝突，則不顧交誼，競
相傾擠，廉恥喪亡，夫復何言！凡此種種，同人等願憑過去經驗之
教訓，考究癥結所在，作縝密之研究，以爲改良工場制度，摒除浮
夸習氣之預備。此其三。

綜觀上述建築技術之革進，國貨材料之提倡，職工教育之實施
，工場制度之改良諸端，俱爲本會服務之對象，而同人等此後願以
出世之精神，獻身於此種入世之事業者。鵠的既具，宗旨已明，此
後當以國家法令之所規定，在黨的指導之下，就環境容許之程度，
與夫自身能力之範圍，進取其精神，審愼其研究，以期逐步實現固
有之初旨。此則同人之所厚望，而亦惟有賴於社會之指導與贊助，
相期有成者也。伏維　公鑒

中華民國二十年二月

建築同業應有之認識　陶桂林

上海市建築協會第二屆徵求會員大會，已定期舉行，建築月刊有專欄之舉，用誌盛槪。編者徵稿及恐，恐以發起諸君對於本會關望之殷切也，進行方針之指示也，廱不各抒讜見，已有劃切之申述，雅不願再以迴腸盪氣之辭，有所贅喋。惟以建築一端，關繫人生衣食住行四大要素之一，執斯業者其職責至爲鉅鉅；設有隕越，實不足以謀進住的幸福，以副一般人之期望。感念及此，能不深自策勵，知所警惕！善夫梁任公先生之言曰：「人類所以優勝於其他生物者，以其富於記憶力與模倣性。常能貯藏其先世所遺傳之智識與情感，成爲一種『業力』，以作自己生活基礎」。縱觀自來經營建築者，實不善利用此兩種特點，以促進技術上之進展，爲謀進一般人住的幸福之準備。吾業一方面既承襲先人所遺豐偉之建築遺蹟，一方面又受同時代西洋建築學術及形式之薰染，理宜自行溶發其智力，復成爲一種新業力以貽諸後來，如是轉展遞蛻，建築一術乃得日進無極。卒以吾業缺乏記憶與模倣之結果，對於前時代建築遺蹟，不知有所參考借鑑，對於同時代之建築形式，其模倣結果駒至純粹歐化，無復有東方民族精神之表現，以人之長，補己之短，如上所謂模倣做者，直依樣抄襲耳！是故吾業現在之狀態，非拘囿舊規，即純粹歐化，矧不能自行溶發參融，以科學思想創造新的建築方法，謀進住的幸福為基礎。孫中山先生曰：「一切人類進步，皆多少以智識，即科學計畫為基礎。依吾所定國際發展計畫，則中國一切居室，將於五十年內依近世安適方便新式改造，是予所能懸言者。以豫定科學計畫建築中國一切居室，必較之毫無計畫者更佳更廉。……居室為文明一因子，人類由是所得之快樂，較之衣食更多；人類之工業過半數，皆以應居室需要者」。顯吾業此後努力實現中山先生遺旨，以豫定科學計畫建築一切居室，並以促進住的幸福為服務之真正目的。茲當本會第二屆徵求會員之初，謹舉此兩點以與諸君子共勉。

我國建築業過去的失敗與今後的努力　謝秉衡

事事落後的我們中國，什麼事都落在人家背後，譬如我們建築業也未嘗不是這樣。最近數十年來，總算國人對於過去的錯誤已漸漸地認識，今後的努力已漸漸地知道，前途似乎已光明得多了。實在呢！國人再不從酣睡中覺醒，振作起精神來努力改進，那今後非但不足以謀進展，抑且將不能保持過去病態的危機了。文化事業與工商事業的先覺者的刻苦地研究，奮發地前進，就是看透了這一個癥結的緣故。

果然，最近十幾年來的情狀，比較數十年前要進步得多了。可是這些進步，決不能滿足我們的希冀，因為我們企望於國人努力的程度與收穫，決非僅僅這些少，僅僅能夠趕得上人家跑；我們所企望的是努力於獲得新的發現或發明，超越先進者的前線。所以我們的努力不僅是學人家而是求得指導人家，駕馭人家的能力。過去的成績能有這樣的努力與收穫麼？說來真是慚愧，憑良心說，非但不能超越人家，甚且還沒有學像。

那末，我們過去的努力可說是完全失敗了麼？那也不能說是完全，不過，不能算是成功是了，因為沒有達到如我們所希望的進步。

我國建築界在過去的所以失敗，有二個主因：第一，同業的學力淺薄；第二，同業間缺少團結的精神。就把這二個原因給予我們要說的話。

過去的努力之所以沒有顯著的進步，那自然有種種的原因，要點則在努力的方法錯誤，以至使我們的成績竟那樣的薄弱。我自己是建築界的一份子，對於我國建築界過去失敗的原因比較地熟悉些，對於今後的努力的方針因之也有些意見，現在簡略地來說幾句我的損失來一說。

第一，同業的學力淺薄——這是誰都知道的。我國在從前是很輕工業的，沒有培植工業人材的專門教育。譬如我們建築界，在最近幾有教育建築專門人材的學校，在以前是沒有的；建築界中較為傑出的人材，都是憑藉他自己天賦的才能去暗中摸索而得到經驗。這種人材雖算是成就了，然而在時間與精神上的損失是很大的；假使獲得了享受專門教育的機會，他的事業的成就必定要比較地偉大的多。可是，我們在過去沒有這種專門教育的設置，以至埋沒了不少的有建築天才的人材，那是多麼的可惜呢！況且，因了建築業的沒有享受專門教育的機會，對於建築家學力的淺薄，于是在工作上比外國的建築未免的沒有。因了大部份建築家學力的淺薄，

築人材要糟蹋一番，就是對於同業營業上也有了不利的影響。這樣，給了外人以略奪我國建築界權威的機會；歷年來外國建築業在過去失敗的橫行操縱，便是這個大原因的賜與，也是我國建築業在過去失敗的一要因。

第二，同業間缺少團結的精神——不論何種事業，必要「羣策羣力」地去幹，才能收「事半功倍」的效果，所以在原理上講，同業間的團結精神是必須具備的。果然同業間在營業上是必定要競爭的，但同業間合理的競爭並不是一件壞事，卻是一個很好的現象；各種事業的改進，得益於合理的競爭是很多的。工作的精良與迅速，浪費的免除等等，都是同業間應該競爭的；這種競爭，既可增進自身的營業的發達，也是改進同業的前途的進展。這種競爭對於同業的團結精神也是沒有絲毫損害的。但在過去我國建築界同業中，似乎有一種很壞的現象，便是缺少團結精神。同業間既少聯絡，「集思廣益」當然不可能，甚且不顧彼此的利害而作盲目的競爭，結果是不但使整個的我國建築界受到損害，即他自身也有不利的。祇以營造家而說，往往有不顧自己的血本，濫開小賬以爭得一件工作的；這件工作的賠本或賺錢，他都不顧，以至陷於失敗的很多。這種失敗，這自然也是同業間缺少團結精神，不知同業互助的結果。這種失敗，不但影響於我國整個建築界利益與地位，對於他個人的損失不足惜，祇是影響於我國整個建築界的實質很多，位，都是很值得注意的。因了不團結而影響於營造界的事實很多，這不過是一例。

況且，「籬笆破，外狗鑽，」這一句俗語，也是很可以用來譬喻不團結的缺點的。我國建築界的所以給外人囂張操縱的機會，雖則

22094

同業間學力的淺薄是一因，但同業間的不團結更是主要的原因。帝國主義者的所以能夠侵略弱小民族，是因為他們內部的團結鞏固，不得不從小的範圍做起。祇要會員們的共同努力，將來不難擴大

外國建築業者的所以能贊進我國建築界來，也是他們對華侵略的一方面。本會的組織，成立一中國建築協會呢！有了基本的團結組織，對於將來的努力，自然比較地便利，祇

他們外國人的建築業間，雖則也在營業上相互的競爭，可是他們的定名的意義，似乎太嫌狹窄，因為祇限於上海一市，但組織伊始

精神上都很團結的。反之，我國建築界覺那麼的散漫，一些也沒有

人，也祇能忍氣吞聲的不敢與之爭論，這種受虧的事情層出不窮，是舉不勝舉的。可知我國建築業的所以不能發展，同業間的不能團結也是一要因。

團結，所以，我國建築界的力量，在過去不能與外人經營的建築業並駕齊驅，是不能避免的。因了不能團結，便易受外人的壓迫，這種外人對我國建築界壓迫的行為，到現在已沿成習，即使曲在外

上面二個原因的不利於我國建築界，使我國建築界於過去的失敗，已約略說過了；可是這不過舉其犖犖大者，其它的原因與影響還很多哩。現在，再把我認為今後我們的努力方針的重要點舉其一

二，貢獻給本會會員諸君及讀者諸君的參考。

本會二屆徵求會員感言

湯景賢

本會自發起組織以來，已歷四載。在此時期中，集多人之精力舉行二次徵求會員，中途不墮，今日更

道實在我是非常快活的，本會居然發起組織於四年之前，

的一因，已經解決了。此後本著我們互助的精神與奮鬥的毅力，團建築協會成立以後，對於使我們失敗於過去的缺少團結精神富的。

結一致，與外人經營的建築業相頡頏，勝利是可操左券的。從本會

尤應羣策羣力，各自惕勵；以期早日完成使命之實現，而副各方面

要本會的全體會員肯努力。

今後的努力方針，可分二點：一是消極的，一是積極的。消極的努力，則在毀滅我國建築界過去缺點；積極的努力，則在創造我國建築界未來的光榮。如打倒外人經營的建築業在華的勢力，反抗外人的壓迫，免除同業間的嫉妒與冷酷……等等，都是今後消極的努力方針。又如培植或獎勵有志從事於建築的後起者，力謀建築業的安全，對於建築學讓的探究，改進有利於建築的事情……等等，則都是積極的努力方針。不論是積極或消極的努力，我們同業者都應該努力從事，因為積極與消極的努力，二者都是有利於我建築事業的。

我們中國的事業，都是待興的時期，尤其是建設一端。現在戰爭停止，國內已告統一，無疑的各種事業都要勃興起來了；在建設方面自當需要大量的建築物，所以我們建築界是很有希望的。但，希望是需要我們自己去追求的，希望的實現，全在我們自己的努力。否則，「虎視眈眈」的外國建築界，定會把我們的希望破滅，而奪去我們發展的機會。同志們！努力罷！

之雅望。景賢不敏，得追隨諸君子左右，參預組織。所謂「前事不忘，後事之師。」現謹摘述本會創設之動機及其經過，竊冀賢個人

對於本會之希望，以告讀者，想亦關懷本會者所樂聞歟。

繄辛締造，不辭勞瘁，始獲今日之結果。緬懷往蹟，籌思將來，

閱審稽考我國史乘，未嘗無著名之建築工程，爲舉中外，而爲世界所推崇者。吾人所習知者，若長城若運河，皆東亞偉大之建築工程也。他如舊都之宮殿苑囿，名山之寺宇古蹟，皆爲富於美術思想之建築，足賢吾人景仰摹倣者，惟以當時社會歧視建築匠工爲一種不齒之卑役，而爲匠工者，雖具絕高天才，亦自暴自棄，對於自身之建築經驗，不顧有所發見，致神工猶在，而技術不傳，徒留後人之唏噓憑摩而已。職是之故，一般人僅注重於建築物表現形式之經賞，而忽略建築方法及學理等之探討：此所以吾國固有建築技術之遞步。國人鹽葉之餘，移其往日之鑑賞力與西洋建築形式。於是計劃工程者，必誇繼馬式，經營兒表者，都尚洋樓，一若吾國固有之建築藝術，毫無追尋探討之價值，頗有欲謀建設，非採西法不可之勢！綜上述一般人僅注意建築物之鑑賞，忽略建築之方法學理，以及受近代西洋建築技術之麻醉，致吾國建築藝術之在今日，陷於不絕僅存之狀態，撫情度勢，實非發揚東方固有建築藝術，參融西洋建築學理，以創造一種適應時代要求之建築形式不可！

夫欲發揚東方固有建築藝術，必以研求西法爲着手，而以保存國粹爲歸結，否則警諸現代婦女之學西方美者，徒知祖裎露臂，而不求身心之健全，是以結果適得其反。景賢深信吾同業因舉倣西法建築，而蹈上述現代婦女之覆轍者，自所不免。故此點不可不有相當之注意。

以前我國辭有所謂營造商者，承造工程，均由水木匠工任之。此輩匠工，智識優劣不齊，經驗多寡不等，故爲社會所卑視。自通商口岸，因事實上之需要，縱行西式房屋後，承造者由無濟地位之增高，而漸得社會上相當之位置。迨後皆知營造事業之有利可圖，遂羣起逐鹿；故營造廠之設立，日增而月盛。其中固不乏學術優良，經驗宏富之人才，但其參差不齊之狀態，與嗜昔無異也，烏得朋有進步！故欲圖補救，非聯合同業造成機會，開結一體，以謀力量的增加和技術的革進不爲功。而材料商與建築界尤有密切之關係，人所共知，自應互相聯絡，在金錢與貨物之外，藉謀智識之交換，庶於甄別材料之性質，堅固，美觀，價值等等之見解，雙方得直接洽定之利便。

凡此種種問題，籌思久矣，乃因獨力非易，此志竟寢。會有陶（桂林）陳（善芝）盧（松華）諸君等走告，謂擬聯合建築家及與建築界有關之材料商，組織一團體，共同研究學術，以謀工事之改良，與業務之發展，徵余意見。諸君之志，即余數年以來熟思之計劃也！一日遇此同志，予我以合作之機會，不覺大喜。遂關九江路十九號泰康行行址偹屋爲臨時會所，開始籌備一切，是爲本會由理想而蕓實現之匡路也。

本會籌備之初，先由徵詢同業意見着手，結果得志趣相契者二十餘人爲發起人，遂分游息之時間，昕夕討論進行方針，決先成立籌備委員會，辦理擬訂草章，徵求會員，及呈請立案諸事。歷時八閱月，成績斐然，並經本市黨部民訓會，短教育局，先後派員視察，認爲合格，准許設立。是爲本會自胚胎泣於產生之大概也。

在籌備過程中，最足表現同人努力進行之處，厥有數點：（一）

22096

出版會報。同業中自聞本會籌備之消息，雖不乏自動的加入本會，竭力合作者，但間有一部份同業，因不明本會之宗旨究屬為何，故逡巡觀望，無所表示。因此同人以為刊印會報，宣傳消息，實為當務之急，免覺贈閱各同業及關係各團體，本會能於最短時期成立者，實甚於此。而今日裁勵建築學術界，銷行遍國內外之建築月刊者，亦即以此會報為其始祖，撫今追昔，足資吾人紀念者也。（二）開辦夜校。開辦夜校，原為本會職旨之一，顧與會務之籌備同時並進，吾人實足自豪。粗殷伊始以會所彙校所，故於設備方面未能完全，教室狹隘，不能盡量容納一般同業中之失學者，深為抱憾，然報名時人數竟逾學額一倍以上，則本會之切於時代的需要，已由此一端而便同人更加自信焉。現在夜校成立至今，將及四載，另闢校舍，圖謀擴充，不遺餘力；學生由二十餘人，增至一百二十八。其賢求之校長之職，辦學主張，重實質而不重量。在此短促之時間中，未敢言有特殊成績，但酌考諸生，頗能利用時間，勤奮向學，此足以自慰者也。

當本會籌備之消息傳出，而社會上未曾遍曉本會宗旨之際，曾有本市營造廠業同業公會聞而異之，以為同一市區，不當有同樣兩個團體之存在，且公會之成立，遠在數十年前，而成績亦殊可觀。則本會之設立，似有分攬事權，樹幟立異之嫌。旋派本會鄭重聲明，本會之職旨因同樣情形，而對於本業稍有懷疑。研究建築學理，謀進建築技術，共謀中國建築事業之發展與改良，絕不與同業公會之職責相牴觸。同時復得張君效良殷君繼光之了解，力任向公會詳細解釋，一團疑雲，始各消釋。

本會籌備以來，以迄于成，所遇困難，于此可見一斑。

本會於二十年春始告正式成立，距今董已三易寒暑矣。其間徵求會員，僅於創始時舉行一次，因同人等以團體事業重在精神毅力，故徵求會員，俱抱寗缺毋濫之意。茲值二屆徵求會員，予志趣相同之外界，有普及入會之擴會。則人材既眾，基礎更固，此後會務之進展，其成功當更具把握。然古人有言：滿招損，謙受益，吾人業觀之餘，應記取此語。自勉勉人，須知現在所竟之工作，不過什一之比，此後方為正式努力之時期，試觀本會十五項重大戰務，（一參閱章程）所舉者有幾，倘不繼續努力，以求逐步貢獻，非但有負使命，各個人同顧自己，亦不能無愧也！

至於如何方能完成本會所負之使命，當非余個人之理智，在倉卒之時間所能盡答。且本會所負使命，極為重大，亦非章程中所擬十五項職務所能概括。但如此重大之使命，必須建築界同人，及與建築事業有關係者，一致起而担任工作，方克進行，則可斷言也。因此，余對於本會現有會員錄現有之紀載，不能遽視為樂觀，此後篇一步工作，即須繼續努力介紹「上海市建築協會」七個字與社會，推而至於全國面全球，並使同樣集實，普遍於我國建築家足跡所至之地，然後以某一地方為總樞，彙取各地各項人材努力所得之貢獻，或工作上發生之困難，轉匯於各地各支會，以供研究。能如是則人材既眾，力量斯大，方裕整個建築界一致努力之口號；但為理想所及之事，無有不舉矣！本會之工作，既須整個建築界起而担任，自應分工合作，以專責任。故至相當時期，亦須分類組織學術研究委員會，其主要科目，約可分為四種：：

22097

（甲）工程組　由工程師組織之。專門研究工程上一切學術，關於
（一、）（四、）（七、）（八、）（九、）（十二、）等項職務，（見本
會章程以下同）為其主要任務。

（乙）藝術組　由建築師及美術家合組之。專門研究藝術上一切學
術。關於（二、）（五、）（七、）（八、）（九、）（十一、）等項職
務之。

（丙）經濟組　由熟諳社會經濟諸問題之會員組織之。專門研究關
於建築事業與社會經濟問題有關之事項。凡（一、）（六、）（十
三、）（十四、）各項職務，均負編查提倡及實行之責。

（丁）理化組　由工程師中之溝通理化者與經營建築材料業之會員
共同組織之。專門致力於第（三）項職務之進行。
四者既備，則本會主體，比諸一具機械，以（甲）（乙）兩項為經

本會之使命

江長庚

我中華立國，於今四千餘年，歷史之悠久，文物之具備，為世
界任何一國所不及。建築工程之最偉大最雄壯而最足表示我國古代
文明者，厥為萬里長城，次則我人所景仰不置，緬懷無已之阿房宮
，雖為歷史上之陳跡，然更顯我國之建築工程，非無一顧之價值。
　惜乎此種建築工程，以家天下之故，成為一姓之私產。易姓之
秋，多如咸陽之炬，未能如長城之久留於世。蓋以思想統於一尊，
智術輕視技攷，遂使建築藝術，逐漸流於退化；然而北平之宮殿園
囿，歷代之皇陵太廟，全國之寺觀院塔，其工程之浩大，建築之精
巧，即令東西洋之建築技師，亦均嘆其弗如。不過一則聚百姓之膏
脂，以為一姓之享用，一則吸愚昧之施捨，資供僧侶之鑑賞；核以

（丙）（丁）兩項為緯，納為規範，繢之緩之，未有不成美錦者。觀
察我國今日建築界，曾受高等教育而溝通建築學術者，類亦乏人。
同時因社會經濟之壓迫，而無數失業者紛紛投身工界，以謀出路。
故手足胼胝之工人，為數亦日益激增，彼握有資本者投資於建築事
業，已不患無人為其服務。惟所感困難，即缺少一種中等人材之
看工，者小包作頭等等是也。建築物之完成，假非工人之手，而直接
即由此囊負指揮之責；如果未具相當智識，薰有工程師建築師之擘
劃，對於工人，難施措揮如意之效。其弊大則影響生命財產，小亦
足以引起建築過程中之糾紛，而失却建築原則上之效能。故余以為
本會今日因就蕭之夜校，有積極擴充之必要，磚瓦上中下三人
材，成正比例式的增多，亦切中時要之舉也。

民有民享之旨，有所未合耳！
　茲則，總理之三民主義，已普及於世；而實施三民主義，首重
建設，而建設之工程，負責最重大者，厥為我建築同人。前以專制
淫威之下，集會結社，向無自由。於是建築同人各自為謀，智識無
由交換，技能容易失傳，以致以前建築方法，均無以綿延，世多不
知。自革命成功，政權一統，在三民主義之下，集會結社之自由，
於焉實現。我建築同人，遂於四年前有上海市建築協會之發起，斬
求完成以下之使命：
　　（一）發揚我國固有之建築藝術；
　　（二）吸收東西洋之建築方法而予以融化；

《三》實現建築材料之自給；

（四）實施職工教育並改良工場制度。

四年來同人等對於上述之使命發成立大會宣言所指各節，均能全力赴之，以冀貫澈初衷，共謀實現。成效若何，不敢定論。當茲二屆徵求會員，對於此後會務，更望能再接再厲，邁往孟晉。尤希黨國當局，指導監督，邦人君子，匡其不逮，微特本會之幸，抑亦作者所期望者也！

有望於本會發起人者

盧松華

本會自發起組織以來，已有四年了。在這四年中間，我們忝在「保姆式」的發起人，苦心栽植，維護唯謹，希望他有健全的人格，有獨立的技能，換句話說，便怹沒有一天不盼望他能對同業謀福利，對社會盡貢獻。聖竟以精誠愛護，共同努力的結果，他在今日所表現的，雖不能謂為成功，亦尚不使人失望，松華忝在本會保姆之一，內心的愉慰自是不待言宣的了。

本會在由醞釀時期而至今日，其間會務進展的種切，是足引起我們注意的，便在這短促的時間中，他的進展。在事實上已足證其獲得相當的結果，如建築學術刊物的印行，職工夜校的創設，服務部的為一般人解決建築上的困難，建築圖書及材料的搜集，管瓹政府當局的咨詢及鑒定……這在他均有過相當的努力。所以我們做保姆的前途實抱着無限的樂觀，而更願鞠躬盡瘁，鼓起了服務的精神。但我所希望於保姆們的，便是在這樂觀的態度與服務的精神中，絕對不宜摻雜着自誇與畏難的成分！自誇是走到牛角尖裏去的絕路；自誇的結果不是自隳便是自滅。至於畏難，「天下事有難易乎？為之，則難者亦易矣！不為，則易者亦難矣！」古訓俱在，我們做保姆的不能不恪守。想悠悠的進行的過程中，會的前面難保沒有意外的阻力，到那時我們祗須各自問着：「天下事有難易乎？為之，則難者亦易矣！」，縱遇千百困難，自亦迎刃而解了！

孫中山先生曾經很感慨地說中國的人民是一盤散沙；祇有家族的觀念，沒有民族的思想，對於團體的發展可以說絲毫不相顧的。本會的組織，在一方面雖以謀進建築技術，提倡國貨材料，發揚民生主義為職志；但在他方面也正可乘着這機會以為練習團體生活的場合；竭力免去先前「不相顧及」的絕病。

現在開始舉行第二次徵求會員，謹以此文致獻於新進的保姆們，並願與之共勉。

貢獻於建築協會第二屆徵求會員大會之芻見

殷信之

我建築協會剏設於民國二十年，慘淡經營，於茲三載，由時代互輪之轉演進，與我協會同仁之格力匡護，新猷日展，會務已耍然可觀。信之忝僭在會，得獲躬參其盛，撫念曩馨，懷忭萬千，際此第二屆徵求會員大會舉行之時，尤對輝煌前途，生莫大之懀景焉。竊按建築一業，躋居現代物質建設之首位，而為國家文化之表徵，我協會之設，尤能適應時需，而為同業競進之唯一良導，是社會之俯肯既舉，人棄之而舉望偪箓，惟當勵精圖治，積極奮進，藉策舉力，以期共存共榮，庶幾溥利家國，而能不屈使命也。信之不敏，濫竽建築界有年，平素就觀感所得，擬有所貢獻於我諸同仁者，茲謹對協會之組織與工作問題，臚陳臆見與革議點於後：

一、組織之充實化及系統化　欲謀鞏固集團之基礎，首在充厚個體之實力，而謀求舉力之盡量使展，尤在乎組織之其有系統，此不易之論也。蓋合作事業必由堅定單位而臻一致團結，體用互為因果，亦邏輯上之定理。溯我建築協會發軔伊始，響應者不過寥寥三十餘人，迨正式肇立，贊助者瞬逾百人，三載以還，增加固不啻倍徒，以言實力，則今昔懸殊，殊無庸諱，然而細審同業之入會初衷，大率為局部業務之方便計，徒惑於時尚所趨，僅目為俱樂之場合，殆有類於沙礫，而事權瑣碎，未能納諸範疇，縱或援例集議，而聚散原定，往往議定案決，會務進展，祇見停滯，推究原委，組織之未具系統，厭為唯一癥結。而為今之計，應俟此次二屆微集完竣，亟行召開全會，鑑定會務之綱目，規劃事權之標準，以整個集團，重施縝密之組合，同時嚴格選選，區為小組，分工合作循序，奮進。猶憶湯其賢先生曾主張會務進行，應專職責，關為工程，藝術，經濟，理化，四組，互為經緯，一方詳訂方案，切實推行，則會務前途：言約意賅，某因，固非一端，而經營者之缺之預定計劃，與不能為具體之實施

二、工作之計劃化及具體化　我國工商企業，式微殊甚，揆其見矣。

，蓋不容稍鮮其咎，然而我人環觀世界各國，方舉趨於「計劃經濟」之新生路，專家鼓蕩，舉國傾從，巨流激湍，如火如荼，是則他山之石，可以攻錯者也。我建築協會同仁，獨能不憚陳習，詳證進行之策略：不可韙非其有灼見者。按協會奉程第五條職務下規定應辦事業凡十五款，對直接發展協會本身，與扶助同業之工作計劃，殆已應有盡有。而杜彥耿先生於協會成立時，並有設立建築銀行之籌設之建議，謀為同業建樹調濟企融之尾閭（信之對建築銀行之籌設會於本刊二卷一期中發表緣起），我人循斯準鵠，正可奮力猛進，於三年來對預定計劃之能推諸實現者果幾乎？雖二屆微求大會宣言，對業經舉辦之成績，已為我人劃切言之，如月刊之發行，夜校之創設，服務部之成立等等，亦未嘗不可稍稍告慰於國人；但以言工作實效，距理想中之鵠的，固猶未堪道里計，即擬諸歐美各國，亦不足同日而語也。此非我人之奢望過鉅，與夫苛責太甚，蓋國家社會之交與既深，窅能不自腿勉，而堅毅猛恃哉！故鄙意今後之計，首在具體的實現原有計劃，一方切實嚴定進行步驟，一方彙集群思，衡度工作性質，區別何者為急務，何者應緩圖，依次循序共扶盛舉，則協會萬幸！同業萬幸矣！

綜上兩點，稿認為應行與革之要圖，惟率爾操觚，行文顧雜，容有謬訛之處，幸冀我同業先進暨協會諸同仁進而致之。

四月二十五日

建築工業之興革

杜彥耿

▲組織職工學校
▲從根本改革現在的制度

我在本會成立大會特刊裏，曾發表一篇『本會前途之瞻望，』主張：「出版定期刊物，自建永久會所，籌辦職工學校，設立建築銀行，組織職工俱樂部。」現在，出版定期刊物已實現，建築夜校已辦四年，設立建築銀行亦在醞釀外，其他三個提議，暫時已擱置不提。但是，我又要把這舊事重提了，尤其是「籌辦職工學校」的計劃，要在最短期內使他實現，且將芻蕘，寫在後面，請讀者指正，並予補助。

若然這次徵求成績良好，能夠達到或超過預定目的，那我極端主張辦職工學校，因為現在需要職工學校的程度已到了極點！何以這樣說呢？試看新生活運動的目標無一不是要把社會改成清潔整齊，要教人倚仗禮義廉恥等的古訓，但是民智沒有啓發週遍，習俗已深固，隨你有什麼提倡，都不能得心應手的做去，終是牛頭不對馬嘴的擴夾。

要想把現社會改善，非根本改造不可。職工學校的急待促成，就是這個意思。現在我們雖說有四萬萬七千萬的民衆，其實有多少能適合現代？多少能夠做事？我恐做事的少，搗鬼和吃飯不會做事的多。

職工學校並不需要講究的校舍，精利的機械，故開辦費不鉅，易於着手，只要在滬西或閘北僻靜的地方，購地十畝，搭蓋板屋，即可招收一百個學徒，開始教授。

這一百個學徒的招集，可託由慈幼何孤兒院或其他收容孤兒的地方代招，年齡要在十八歲以上，因為這樣既可減輕慈善機關的負擔，在管理上亦較為容易。以後逐漸加增至五百個為額。第一批的五百個學徒，完全沒有依靠的孤兒，決不招有家庭的孩子，因為有了家庭的牽制，便不能根本改善，致不易獲得優良結果。淺近些講，譬如一個貧苦的家庭，於不能度活時，把兒子送來學習技藝，但不到一兩個月後，做父母的便要來探望他們的兒子了；平時在家沒吃沒穿，孩子饑餓了吵鬧，便拉來一頓亂打，倒不提起，這時候則就要說什麼我們的兒子比前黑了瘦了，以為這樣的拉七拉八說一套，算是對兒子的慰藉，殊不知孩子的不上進，貪舒服，望富貴，這種種壞觀念，便是種因在這裏，馴至現在社會不能隨時代而改進。

一百個學徒招齊時，須經醫生檢驗體格目光總覺，倘有體格不健，目光短視，聽覺不聰者，都不能及格，再行補招。逐一檢驗合格後，日間操練，晚上講授；講授課目，分搽水泥紮鋼條二種，因為這二種，訓練較易，用處較多。水作木作漆作等等，都在招的時候添設。

學手藝不是打仗，如何要操練呢？因為現在的人都未經過其本

— 37 —

訓練，所以凡百舉動都不稱適，連走路也走不相像，東衝西撞沒有標準的方向，讀者試留心細察，因走路互相衝突而引起的無謂事端，一年中不知有多少件。加之未受訓練的人是沒有服從心也沒團結心，所以總理說我們的民族是「一盤散沙」，現在若要把這一盤散沙，凝成一體，非得從根本訓練不爲功。辦工業學校，就是團結工作中的重要工作，因之除了晚上授課外，日間還須操習訓練，養成服從命令的習慣，倘發一口令下去時，一百個人能同時像機器般照口令動作。這樣的日夜教練，便可分作十隊，每隊由領班的率領到工場去實習。譬如撈水泥的到了工場，四個擋鐵鎚，二個在平台，二個搬馬櫈。後四個與擋春鑄的四個，應每間二小時對調一次。白天是這樣的往工場實習，晚上則於七時至九時間，由領班或教授解說白天所做的工作，務使各人都能澈底明瞭。

在工場裏實習了四個月後，便可學成。其時可向營造廠兜包攬水泥工程或紮鐵工程。現在撈水泥包工價，大概每方三元；若由職校去包做工作，預算包工價要較好的多，就是每方三元二角，但是工作的成績則比較好的多，浪費材料既少，紮好的樓板鐵也不致如普通工人般踐踏得不成樣子。並且工程方面若有問題，職校可負責任，就是營造廠包得少負一分責任，我想營造廠也是樂就的。職校從營造廠包得工程後，如將撈水泥或紮鐵工程轉包給現在的普通工者，則撈水泥工價可照現價減低二角，就是每方二元八角，職校可賺四角。在從事工作的時候，凡是扛黃砂石子水泥及推小車等的粗工，由普通工人擔任，不致練成了新工人使現在的工人失業，擋春台，拿煤鏟平倉的工作，由職校學徒擔任。職校學徒十個鏟，拿煤鏟平倉，可領普通工人一百個，每天工作可做水泥五十方，則職校每天可賺二十元；除去十個人的開支十元。每天淨賺十元。一百個學徒在外工作，便是每日可賺一百元。一個月作二十天算，按月可賺二千元。復將這二千元的月入，續行招收第二批學生，加以訓練後，可與第一批學生合作。逐漸增加學生數額，至五百個時，挑選五十個出來，預備派往內地去從事墾荒和開礦的工作。

事先可向實業部等各方面，調查煤礦或石棉鑛區域，最好礦區的旁邊有石灰石及粘土，更爲適宜。開採煤礦可提煉柏油製造牛毛氈及油漆。開採石棉鑛，可用以製造石棉瓦，石棉氈，音隔板等品。石灰石可燒煉成石灰，石灰石同粒土混燒，則可煉製水泥。石灰及水泥供來就地建設之用。當開採之前，應先組織考查隊，前往實地察驗，若結果良好，則將該處礦地領下，着手測量及實施工作。

選出的五十個人，我暫替他取個名稱叫做「墾殖隊。」要有長時間的準備後才能出發。全隊由一個正隊長二個副隊長統率，內部如醫藥，旗語，無線電，軍用電話，土木工程，礦學，地質，墾植，攝影，記者等，都各有專職。組織必使十分嚴密，五十個隊員聯合起來時，好像是一隊軍隊，譬如在中途或已達到目的地時，遇到匪徒或猛獸來侵襲時，便能聯合起堅強的戰鬥力，共同抵禦。一面就拍無線電向就近地方當局求撥。並直接報告上海本會總電台，可以轉懇中央營救。若將五十個人分開來，則各有各的專門技術，向目的地去工作。

墾殖隊到達指定地時，可依照圖樣所指示，某處應駐紮隊部，某處應駐紮分部，分別去設營幕。設定營帳後，便建搭無線電塔，以便將一切情形報告總台。平常可每天與總台通報。倘需要什麼東西，即可通報請求供給。隊部與分部的營帳間，須裝設電話，建築道路；假如中間是一個隊部，其東西南北四個分部時，便築四條道路，供行駛車馬之用。路築成後，即行蓋造房屋，以代篷帳。俟房屋工竣，可着手墾出下種。耕翻田地，完全利用帶去的牛馬，以節人力。倘水源缺少，則打鬆自流井；引水辦田。田熟收穫後，糧食即能自給，於是第二批可繼續派往。這樣的一批一批派往，人數已敷，足資應用時，進行開墾，取材製造。若因受過訓練的人做領袖，成分配，則臨時傭工，由隊節制支配；有了受過訓練的人做領袖，成績當然可觀。

那末，上海訓練成功的人，都派去開墾後，上海的事情怎樣呢？那也沒有關係，因為上海去了一批訓練成熟的，繼又招收一批新的學徒在訓練了。這樣不息的一批一批地去，非但將荒地變成熟地，地下的天然物變成應用物品，更可說救城市人口過剩農村破產的危險。因為把鄉村裏招來的人加以訓練後，依舊遣往內地去做生利事業，以免人口集中都市，荒蕪大好河山讓人家掠奪的弊病。

說到這裏又有一個問題發生了，第一批所招的學徒，來時算他是十八歲，加上半年的訓練和實習，已是二十歲半，遣往開墾，算他一年，把房屋道路都已築成時，已是二十一歲半；把田墾熟，再加一年，已是二十二歲半，可以擇偶了。他們又沒有父母替他們作主，又是在荒山冷谷中，有什麼人去做他們的配偶呢？所以當第一批男孩訓練成功續招第二批男孩的時候，同時還要招收女孩。這些女孩，授以烹飪，縫衣，看護，洗服，教育等必要的課目，以備服務繁殖隊，並使男女學徒配為佳偶。

此外，再挑選貌美的組成歌舞班，用高等教練擔任指導，經過相當時間的訓練後，組成班子，遊歷全球，使外人知道我們也有天仙般的女子，舞態歌音現在他們的眼前耳邊，使他們對於我國發生真確的認識。把以前他們所見的拖髮辮穿龍袍的中國江湖班子，或是日本入假扮的中國人醜態，各種惡劣印象，統統掃光，且可組班週遊各國表演，並可將這般現成的演員挺製影片。非獨可組班週遊各國表演，並可將這般現成的演員挺製影片。別的影片公司，要出錢去僱演員，演員要成名不免受惡劣環境的逼迫和引誘，有那個敢來打援，可專一向藝術的大道走去。影片既成，定可得觀衆的歡迎。

等男女學生都到了擇偶的時期，便把他們一對一對的成成夫婦。他們既受了相當的薰陶，不惟自身是模範夫婦，就是產生的子女，經過了他們的教養，也能成為未來的好國民。

上面雖已說了不少的話，但是還沒有把我的意思完全傾吐。現在為節省讀者寶貴的光陰起見，後面不再詳細的抒寫敘述，以提綱挈領的簡括地舉要逃之。

在這篇東西未曾開始的寫作之前，我曾把我的意思向許多朋友討論過。一位朋友對我說：「你這辦法很好，確是目前應做的事。不過，在你開辦的時候別人漠然視之；等你辦有成效時，那末又有人來對你坦白的崇旨，加以中傷，既前功盡棄，還有落得滿身的煩惱了。」

另一位朋友對我說：「這個計劃確實不錯；但你要招到一百個年齡相當，體格健全，資質靈敏的而沒有家庭牽累的首批學生，已是樁難事；倘給你找到了，六個月的訓練，又是一樁難事。中國的田地，凡是可以耕種的，已有人在那裏耕種，你那能插足下去實行你的大計劃。至於杳無人跡的地方，不是地低有淹沒之患，便是地高有旱荒之虞。」

上面二位朋友說得最懇切精要，其他不再贅述了。但是，我覺得我的理想若能實現，那末有下列的幾種好處，拿來和那二位朋友說的困難，加以權衡，孰輕孰重，究竟應該進行還是作罷，請讀者指教。

我的計劃實現後，在建築方面，可改革下面的許多缺點。

一，現在搗水泥的工人，混拌水泥時，水份終太多，以致漏漿，水泥隨水漏遺。搗水泥時，則於平台上踐踏，致將平台鐵踏壞。搗柱子每有巨大空隙。搗大料輒腳橫倒，或是輒向木壳的一面貼着，及鐵條多的下面空隙。

一，現在的紮鐵，預算鐵條倘未精密，故每多虧損。柱頭鐵與大料鐵及小大料鐵交合之處，沒有預算，疏密不能均勻。工人缺乏工程常識，臨時無機變之能力。紮柱頭鐵時，每不與更上層的柱頭地位相符合；在紮立更上層的柱頭鐵腳時，必將下面柱頭鐵腳彎曲以就之。

一，草場木匠對於水泥木壳等粗工程，工作草率，缺點自難枚舉。至於做屋頂，舖地板，釘踢腳板等工程的缺點，也是很多；倘你指示給他們看時，那末他們會這樣地答復你：「手指伸出來也有長短呢！」

一，房屋裝修，現在除少數廠家用機器鋸刨外，餘多仍用手工，故做門窗，扶梯火斗，釘門頭線，裝璜等等工作，都有瑕疵，雖熱做裝修的工作，比較的算是注意了。

一，砌牆的水作，總不肯把磚頭澆濕，磚底下的灰沙每不窩足，花槽間同豎縫裏，則是空的。頭縫不領直，長縫屈曲，垂直線凹出減凹進，頭角也不整齊。

一，粉刷水作，鐵匠，石匠，漆匠等等建築工人的劣點，也筆難罄書，這裏不再一一予以評述了。最使人厭惡的是泥水木匠手下的童工。若用仁慈的眼光來看，七八歲的小孩子挑去一擔灰沙滾來滾去，我時常看了幾乎要下淚。學木匠的孩子，除了替師父洗衣服，取洗腳水，買菜餌，煮飯烹菜外，還要担任醫眼，廊刨鐵，鋸木料，偶有錯誤，便遭責毆，就無兒子，能不痛心？然而，這般童工呢，實在也使人可厭，直是「人小嘴巴老」，開口便說下流話，工場裏的材料都是他們勤武的對象，各種已做成的工作又任意污損，散工時並要偷偷摸摸的私竊東西，一切都是不長進的行為，要他將來成功好的建築工人確乎很難。

但是上面的種種弊病，在我的計劃實現後，我們的工場裏是決不會發現的。要知這工人的所以養成那種惡劣品性，都是環境所造成的，他們沒有受過良好的訓練。從小就在很壞的工場中生活，以致耳濡目染，不知不覺地也成為不良工人，障礙建築事業的改進，影響國家民族的前進。我們為了建築事業與民族的前途起見，應急起負責改善，我寫本文的主旨，就是想從根本上去改造，這基本的步驟，也許值得會員暨讀者諸君的注意，同時還請不客指教能！

本會事業之前瞻

賀敬第

本會成立四載，雖中經寇患迭起，國事蜩螗，百業凋敝，同人既汲汲於救國工作，又僕僕於個人事業，而咸能以公私兼顧之身，出其餘緒，努力會務，卒於慘淡經營之中，規模粗具。如夜校之設立，月刊之發行，服務部之成立等，頗得社會好評，欣欣向榮，正呈蓬勃氣象焉。就附屬夜校言，校務已納軌範，課程漸趨完備，注重死書活用之教學方法，生徒得學識經驗聯進，敬第忝任教職，本此進行，興趣倍增。且全校師生，均能爲學術而勤勉，瞻賜前途，寧有涯涘？然事業無止境，況我協會猶三齡之孩提，應如何扶之育之，以抵長成。物質文明隨時代之巨輪而邁進，墨守繩規，安能免於淘汰，建築事業方興未文，本會任重道遠，同人亟應勉任巨艱也。而諺云「獨木難支，」非廣集同志，鞏固集團，共策進行，不足遂其鴻圖。本會舉行第二屆徵求會員大會，良有以也。尚望建築界同仁，俯察社會期望之殷，踴躍參加，共襄盛舉，樹工戰先鋒之幟，以糾造光明燦爛之前程。

本會開始第二屆徵求舉行宴會

本會爲開始第二屆徵求會員，於四月二十七日下午七時在會所，邀請會員及來賓，舉行宴敘。到應興華，杜彥耿，宋樹德，顧海，傅雅谷，李發元，吳光漢，周誦千，張博如，江長庚，徐鉅亭，周童濂渭，趙茂勳，陶桂松，殷信之，朱之椿，奚贊公，楊景時，周桂生，朱桂山，黃建良（黃君前乘晉安輪赴青，迴過驕刼，被匪綁架，約經二月，今始得囘，同人無不慶幸。）陸南初，葉漢忠，陳王伯剛，沈守銘，張玉泉，謝秉衡，陳松齡，陶桂林，陳士範，陳震元達，王鏡清，賀敬第，孫雄明，方祥和，黃申甫，胡鳴時，竺震與，徐徐慶，傅隆才，康金寶，顧樹屏，姚長安，陳芝葆，汪靜山，莊俊，歐陽澤生，吳增貴，趙深，林伯鑄，奚福泉等五十一人（上列名銜，以蒞會先後爲序。）濟蹌一堂，顧極一時之盛。席間有陶桂林，杜彥耿，莊俊，殷信之，楊景時，汪靜山等諸君演說。（演詞不贅）席終開映電影「禦火工程」『暖氣工程』「木材防蛀」等影片佐興。

粵漢鐵路株韶段工程

振聲

我國致弱之點頗多，交通之梗阻奧亦為癥結之一端。夫交通阻塞，則貨運不暢，兩地之間，難以關刺供需。吮精吸髓，國力能不貧弱。故救亡之道，值不貲，銷售他處，其價反較舶來品為貴。馴至外貨獨佔市場，左右操縱，金錢漏巵，不可數計。吮精吸髓，國力能不貧弱。最近粵漢路之開築株韶，振興交通實為先務之策。年來吾國當局，對此頗能注意，如公路之開闢，鐵道之增築，均積極從事，努力進展。

查粵漢路之興築，肇始於光緒二十六年（西曆一九〇〇年）之合興公司。築路契約原期三年完工，然遷延至今，達三十餘年，尚有四百公里未會舖築，其間施工最難之一段，即樂昌至郴州之一段是也。築路經費係由中英庚款墊用。韶州之樂昌一段，於二十二年七月間竣工。此段工程中之韶州大橋與高廉村山洞闢工程，皆於清末動工，今始完成。更由樂昌至大石門遞屬四十五公里，係沿北江上游武水之東岸而行。讀者參閱附圖，當知工程之偉大矣！

程之浩大，於此可見一斑。（粵漢全線須鑿山洞七十餘座）工開鑿隧道有六個之多。山坡延綿起伏，崎嶇不平。路長二十七英里，而門一段。此段工程之險阻，首推樂昌至大年內完成，即其明證。段，以與廣韶段與湘鄂段銜合，粵漢全路之貫通，期於四該路開鑿隧道及鑿土跼工程，由上海公記營造廠承辦。工作迅速，較之以前外人承辦者，有過之無不及云。

緊接下頁

22107

緊接下頁

22109

22110

22111

萬國建築協會第四次會議追誌

萬國建築會議，曾於上年六月在英國倫敦舉行，出席者皆為各國建築金融界知名之士。下屆會議，則定期於一九三五年在奧國薩爾士堡舉行，已誌前期本刊。美國建築公會報主編羅信海君(Henry S. Rosenthal)曾代表美國出席參加該會，承以詳情見告，並函邀本刊派贈代表出席下屆會議，誠意拳拳，殊可感也。茲將該會經過情形逐譯於后。

吾儕(羅君自稱，下做此)美國代表團一行，自抵英之潑萊摩斯(Plymouth)後，即由該會名譽祕書倍刺君借其令媛上船迎逆。六月四日適值星期日，向倫敦進發，薄洋始到，即受大中央飯店之招待，蓋協會之大本營即在此也。此時得晤各國代表及喬友等，頗為愉快。六月五日下午，哈羅爵士宴請各國代表團於其私邸，在席上得晤協會會長，副會長等。而英首相麥唐納之蒞臨，尤令吾儕欣幸，麥氏偕其祕書同來，彼演辭之率真與對於建築及借款運動之注意，使到會者供感興奮。吾儕並與麥氏討論良久，興盡始散。

英太子蒞臨新屋開幕禮會場行禮歡

──── 48 ────

正式會議開始

翌晨十時(六月六日)，正式會議開始。當由尹爾衞士致詞，對於此會之進展，表示其極大之決心。彼於國際間之問題，研究其底，堪稱為精明之分析者。蓋彼省費其寶貴之光陰，努力謀取國際間之好感者也。

在開幕時，各國代表均以該國紀載關於建築與借款運動之報紙，相互交閱。多數為英文紀載，外國語則譯成英文，以利閱看。翌日星期二下午，有一不可言達之影象，即威爾斯太子蒞會是也。經執委會歡迎後，彼即開始演說，申述建築與借款運動之重要，闌聲無遺，語多中肯。宏言讜論，長留人不忘。在此匆忙之數日中，在市政廳之筵席，實足令人囘憶。筵餚既極豐盛，而廳址更古色古香，洵美異常。列席者有市長格林威爵士及其夫人，招待吾儕於市政廳之藝術館中，顯極盛況云。

匆促之一週

在此匆促之一週會議期間，吾人實感日不暇給。事務為單一性的，每次會議均能給予新的感象，而會議之紀錄，足為將來發展事業之有價值之指導。某次分組會議，美國費城孫德海律師，亦列席演說。孫君

相參居納氏與各代表暗議情形　英皇

之演詞楊具價值，現已刊印成册，送請美國與建築借欵有關之各律師，保存備攷云。

此外美國對於會議，另有一頁獻，卽美之 Oklahoma 城之第一信託公司，將大宗土地執業證送會陳列，以供衆覽。此種土地執業證係向世界各國搜集，極爲名貴，運至倫敦展覽，獲得眼福不少。並得所有人之特許，在倫敦陳列一月之久，俾得普遍閱覽。

提案之一斑

美國代表團有二提案，以促成國際更進一步之合作者，其一爲：

世界之建築與借欵協會應採用何種標準圖記使人民願與（一）建築協會（二）建築借欵與儲蓄聯合會（三）Bausparkasse（四）及其他類似之機關發生業務關係案　其二爲：

建築與借欵聯合會如何使營業採取一致步驟及標準方法俾使此運動謀取世界之幸福案

此二提案，關係重大，將留交下屆萬國建築會議討論之。

決定下屆會議地點

六月九日，執行委員會開會討論協會組織，選舉人員，及擇定下屆會議地點。當經議決下屆（一九三五年）在奧國蘇爾士堡舉行。並選舉培爾曼爵士爲會長。函邀本會出席之羅信海君，被選爲助理祕書云。

會議閉幕代表云歸

會議閉幕後，各代表分頭言歸。或週游各處，以親察建築與借欵之活動情形如何。美國代表團則經由瑞士，至奧國一行，以觀下屆會議地點，同時與並行諸人討論下屆會議計劃。然後歷游德法諸國，與並始歸云。

— 49 —

22113

美國建築界服務人員及商店之統計

期琴

美國建築事業日趨發達，至今已有登峯造極之勢。直接及間接服務於築建界之工員，及經售築建材料之商店，無慮萬千。解決生計，復興繁榮，建設之於家國，其關係至為密切。左列各表即為服務於建築界工員及建築材料商店之統計。除第一表外，材料似嫌過舊，然同譯自本年二月份之American Builder and Building Age，固不能以明日黃花視之也。

三十年來建築工員人數統計

△建築人員類別

建 築 人 員 類 別	△一九一〇年	△一九二〇年	△一九三〇年
營造商及承包商	一七四、四三二	一六七、五一二	九〇、一〇九
木匠	八一七、一二〇	八八七、三七九	九二九、四二六
木料另售商	二七、二五〇	二七、六八七	三四、〇七〇
煤礦及木場工人	六〇、〇八一	六八、五四三	七三、二三二
建築師	一六、六一三	一八、一八五	二二、〇〇〇
磚石工匠	一六九、四〇二	一三一、二六四	一七〇、九〇三
漆匠及玻璃匠	二三三、四四一	二四八、四九七	四三〇、一〇五
鉛管及氣管水汀工匠	一四八、三〇四	二〇六、七一八	二三七、八一四
灰粉及士敏土匠	四七、六八二	四五、八七六	八五、四八〇
屋頂及石版匠	一四、〇七八	一一、三七八	二三、六三六
鉄匠（專指建築言）	一一、四二七	一八、三三六	二八、九六六
設計員及製圖員	四五、一〇二	六八、二七五	一〇〇、四三〇
土木工程師及測量員	五二、〇三三	四五、四八〇	八三、四二七
錫匠銅匠及其他片金屬工人	五九、八三三	六四、九六八	一〇二、〇八六
地庫商及職員	一二五、八六一	一四九、一三五	二四〇、〇三〇

關於建築之零售商店之統計

商店類別	△ 商店數	△ 僱用人數	△ 銷售額(以下元為單位)
工程師及起重機師	二二、九四五		三七、八八八
電機師	四一、八九二		二二二、九六四
小木工			四五、五一一
工人及助手		七三,八九七	四一九、八〇二一
學徒及手工業者			四〇、一三三
△ 商店類別			
木料及建築材料	一六、九一一	九六、九二六	、四七一、七四五
木料及五金	六、一三九	二八、八六八	四五七、六六〇
屋頂材料	二、八六八	七、七二八	四六六、一六〇
暖氣與油爐	一〇、七九四	三五、七三三	二六三、四六〇
衛生工程	八、七八五	一九、八八七	一八五、八二〇
油漆及玻璃	二五、三三〇	四八、七〇九	七〇六、〇五三
五金材料	六、五八九	一六、一三〇	二六三、四六〇
五金及工場用具	一七、八九一	一九、八八七	一八五、八二〇
電氣(無線電話不在內)	四、八五一	〇五、一八五	一一〇、一三一
器具	一七、八九一	一四、二七八	一、二七二、三九三
器具及五金	三、六七〇	八、三六〇	一三四、二五九
氈罐地毯等	二、四七六六	八、三六九	九二、一六三
家具用品	八、三九四	四六、九三一	三三八、七〇八

一九二九年

關於建築之批發商店之統計

△ 商店類別	△ 商店數	△ 僱用人數	△ 銷售額（以千元為單位）
建築材料（金屬及木材除外）	三、二三二	四六、九七九	一、〇〇九、八四六
木材及橋製用品	二、二九一	二四、八七四	一、一三四、二〇六
建築用具及材料	四九八	四、〇五九	一三二、六九〇
新生工程用具及材料	二、一五一	三〇、三二七	七〇一、七四六
暖氣工程用具及材料	六三五	六、〇二五	一一七、九二一
電氣冷凍棧	一七二	七、九五〇	一〇四、二九二

22116

建築材料價目表
磚 瓦 類

貨　名	商　號	大　　小	數　量	價　目	備　註
空　心　磚	大中磚瓦公司	12″×12″×10″	每　千	$250.00	車挑力在外
〃　〃　〃	〃　〃　〃	12″×12″×9″	〃　〃	230.00	
〃　〃　〃	〃　〃　〃	12″×12″×8″	〃　〃	200.00	
〃　〃　〃	〃　〃　〃	12″×12″×6″	〃　〃	150.00	
〃　〃　〃	〃　〃　〃	12″×12″×4″	〃　〃	100.00	
〃　〃　〃	〃　〃　〃	12″×12″×3″	〃　〃	80.00	
〃　〃　〃	〃　〃　〃	9¼″×9¼″×6″	〃　〃	80.00	
〃　〃　〃	〃　〃　〃	9¼″×9¼″×4½″	〃　〃	65.00	
〃　〃　〃	〃　〃　〃	9¼″×9¼″×3″	〃　〃	50.00	
〃　〃　〃	〃　〃　〃	9¼″×4½″×4½″	〃　〃	40.00	
〃　〃　〃	〃　〃　〃	9¼″×4½″×3″	〃　〃	24.00	
〃　〃　〃	〃　〃　〃	9¼″×4½″×2½″	〃　〃	23.00	
〃　〃　〃	〃　〃　〃	9¼″×4½″×2″	〃　〃	22.00	
實　心　磚	〃　〃　〃	8½″×4⅛″×2½″	〃　〃	14.00	
〃　〃　〃	〃　〃　〃	10″×4⅞″×2″	〃　〃	13.30	
〃　〃　〃	〃　〃　〃	9″×4⅜″×2″	〃　〃	11.20	
〃　〃　〃	〃　〃　〃	9.″×4⅜″×2¼″	〃　〃	12.60	
大　中　瓦	〃　〃　〃	15″×9½″	〃　〃	63.00	運至營造場地
西　班　牙　瓦	〃　〃　〃	16″×5½″	〃　〃	52.00	〃　　〃
英　國　式　灣　瓦	〃　〃　〃	11″×6½″	〃　〃	40.00	〃　　〃
脊　　瓦	〃　〃　〃	18″×8″	〃　〃	126.00	〃　　〃
瓦　　筒	義合花磚瓦筒廠	十　二　寸	每　只	.84	
〃　〃　〃	〃　〃　〃	九　　寸	〃　〃	.66	
〃　〃　〃	〃　〃　〃	六　　寸	〃　〃	.52	
〃　〃　〃	〃　〃　〃	四　　寸	〃　〃	.38	
〃　〃　〃	〃　〃　〃	小　十　三　號	〃　〃	.80	
〃　〃　〃	〃　〃　〃	大　十　三　號	〃　〃	1.54	
青水泥花磚	〃　〃　〃		每　方	20.98	
白水泥花磚	〃　〃　〃		每　方	26.58	

木 材 類

貨 名	商 號	說 明	數量	價 格	備 註
洋 松	上海市同業公會公議價目	八尺至卅二尺再長照加	每千尺	洋八十四元	
一寸洋松	〃 〃 〃		〃 〃	〃八十六元	
寸半洋松	〃 〃 〃		〃 〃	八十七元	
洋松二寸光板	〃 〃 〃		〃 〃	六十六元	
四尺洋松條子	〃 〃 〃		每萬根	一百二十五元	
一寸四寸洋松一號企口板	〃 〃 〃		每千尺	一百〇五元	
一寸四寸洋松副號企口板	〃 〃 〃		〃 〃	八十八元	
一寸四寸洋松二號企口板	〃 〃 〃		〃 〃	七十六元	
一寸六寸洋松一頭號企口板	〃 〃 〃		〃 〃	一百十元	
一寸六寸洋松副頭號企口板	〃 〃 〃		〃 〃	九十元	
一寸六寸洋松二號企口板	〃 〃 〃		〃 〃	七十八元	
一二五四寸一號洋松企口板	〃 〃 〃		〃 〃	一百三十五元	
一二五四寸二號洋松企口板	〃 〃 〃		〃 〃	九十七元	
一二五六寸一號洋松企口板	〃 〃 〃		〃 〃	一百五十元	
一二五六寸二號洋松企口板	〃 〃 〃		〃 〃	一百十元	
柚木（頭號）	〃 〃 〃	僧 帽 牌	〃 〃	五百三十元	
柚木（甲種）	〃 〃 〃	龍 牌	〃 〃	四百五十元	
柚木（乙種）	〃 〃 〃	〃 〃	〃 〃	四百二十元	
柚 木 段	〃 〃 〃	〃 〃	〃 〃	三百五十元	
硬 木	〃 〃 〃		〃 〃	二百元	
硬木（火介方）	〃 〃 〃		〃 〃	一百五十元	
柳 安	〃 〃 〃		〃 〃	一百八十元	
紅 板	〃 〃 〃		〃 〃	一百〇五元	
抄 板	〃 〃 〃		〃 〃	一百四十元	
十二尺三寸六八皖松	〃 〃 〃		〃 〃	六十五元	
十二尺二寸皖松				六十五元	
一二五四寸柳安企口板	上海市同業公會公議價目		每千尺	一百八十五元	
一寸六寸柳安企口板	〃 〃 〃		〃 〃	一百八十五元	
二寸松一牛片	〃 〃 〃		〃 〃	六十元	
一丈字印松板	〃 〃 〃		每丈	三元五角	

22118

货　名	商　號	說　明	數量	價　格	備　註
一丈足建松板	" " "		" "	五元五角	
八尺寸甌松板	" " "		" "	四元	
一寸六寸一號甌松板	" " "		每千尺	五十元	
一寸六寸二號甌松板	" " "		" "	四十五元	
八尺機鋸杭松板	" " "		每丈	二元	
九尺機鋸甌松板	" " "		" 丈	一元八角	
八尺足寸皖松板	" " "		" "	四元六角	
一丈皖松板	" " "		" "	五元五角	
八尺六分皖松板	" " "		" "	三元六角	
台松板	" " "		" "	四元	
九尺八分坦戶板	" " "		" "	一元二角	
九尺五分坦戶板	" " "		" "	一元	
八尺六分紅柳板	" " "		" "	二元二角	
七尺俄松板	, , ,		, ,	一元九角	
八尺俄松板	" " "		" "	二元一角	
九尺坦戶板	" " "		" "	一元四角	
六分一寸俄紅松板	" " "		每千尺	七十三元	
六分一寸俄白松板	" " "		" "	七十一元	
一寸二分四寸俄紅松板	" " "		" "	六十九元	
俄紅松方	" " "		" "	六十九元	
一寸四寸俄紅白松企口板	" " "		" "	七十四元	
一寸六寸俄紅白松企口板	" " "		" "	七十四元	
俄麻栗光邊板	" " "		" "	一百二十五元	
俄麻栗毛邊板	" " "		" "	一百十五元	
一二五，四寸企口紅板	" " "		" "	一百四十元	
六分一寸俄黃花松板	" " "		" "	七十三元	
一寸二分四分俄黃花松板	" " "		" "	六十九元	
四尺俄篠子板	" " "		每萬根	一百十元	

水　泥　類

貨　名	商　號	標　記	數量	價　目	備　註
水　泥		象　牌	每桶	六元三角	

貨　　名	商　號	標　　記	數量	價　目	備　　註
水　　泥		秦　　山	每桶	六元二角半	
水　　泥		馬　　牌	〃　〃	六元二角	
白　水　泥		英　國 "Atlas"	〃　〃	三十二元	
白　水　泥		法國麒麟牌	〃　〃	二十八元	
白　水　泥		意國紅獅牌	〃　〃	二十七元	

鋼　　條　　類

貨　　名	商　號	標　　記	數量	價　目	備　　註
鋼　　條		四十尺二分光圓	每噸	一百十八元	德國或比國貨
〃　　〃		四十尺二分半光圓	〃　〃	一百十八元	〃　〃　〃
〃　　〃		四二尺三分光圓	〃　〃	一百十八元	〃　〃　〃
〃　　〃		四十尺三分圓竹節	〃　〃	一百十六元	〃　〃　〃
〃　　〃		四十尺普通花色	〃　〃	一百〇七元	鋼條自四分至一寸方或圓
〃　　〃		盤　圓　絲	每市擔	四元六角	

五　　金　　類

貨　　名	商　號	標　　記	數量	價　目	備　　註
二二號英白鐵			每箱	五十八元八角	每箱廿一張重四〇二斤
二四號英白鐵			每箱	五十八元八角	每箱廿五張重量同上
二六號英白鐵			每箱	六十三元	每箱卅三張重量同上
二八號英白鐵			每箱	六十七元二角	每箱廿一張重量同上
二二號英瓦鐵			每箱	五十八元八角	每箱廿五張重量同上
二四號英瓦鐵			每箱	五十八元八角	每箱卅三張重量同上
二六號英瓦鐵			每箱	六十三元	每箱卅八張重量同上
二八號英瓦鐵			每箱	六十七元二角	每箱廿一張重量同上
二二號美白鐵			每箱	六十九元三角	每箱廿五張重量同上
二四號美白鐵			每箱	六十九元三角	每箱卅三張重量同上
二六號美白鐵			每箱	七十三元五角	每箱卅八張重量同上
二八號美白鐵			每箱	七十七元七角	每箱卅八張重量同上
美　方　釘			每桶	十六元九分	
平　頭　釘			每桶	十六元八角	
中國貨元釘			每桶	六元五角	

22120

貨　名	商　號	標　記	數量	價　目	備　註
五方紙牛毛毡			每捲	二元八角	
半號牛毛毡		馬牌	每捲	二元八角	
一號牛毛毡		馬牌	每捲	三元九角	
二號牛毛毡		馬牌	每捲	五元一角	
三號牛毛毡		馬牌	每捲	七　元	
銅絲網		27"×9 6" 2¼lb.	每方	四　元	德國或美國貨
〃　〃　〃		27"×9 6" 3lb.rib	每方	十　元	〃　〃　〃
銅版網		8'×12' 六分一寸半眼	每張	三十四元	
水落鑛		六　分	每千尺	四十五元	每根長廿尺
牆角線			每千尺	九十五元	每根長十二尺
路步鑛			每千尺	五十五元	每根長十尺或十二尺
鉛絲布			每捲	二十三元	闊三尺長一百尺
絲鉛紗			每捲	十　七　元	〃　〃　〃
銅絲布			每捲	四　十　元	〃　〃　〃
洋門套鎖			每打	十　六　元	中國鎖廠出品黃銅或古銅色
〃　〃　〃			每打	十　八　元	德國或美國貨
彈月門鎖			每打	三　十　元	中國鎖廠出品
〃　〃　〃			每打	五　十　元	外貨

上海市營造廠業採辦處概況

上海市營造廠業同業公會，鑒於本市建築日漸發達，對於建築材料之需求，數亦日增。爰特集資籌組採辦處，採集建築材料，以供同業需用。現因粗辦伊始，先辦石灰一項，試觀成效。開僅此一項，同業方面受惠已固匪淺。蓋因同業公會在未組採辦處之前，礦灰每擔集價約自二元七角至二元八角，為同業苦之。自經採辦處自行採購後，現值每擔祗需一元五角，而貨質之佳，更逾往時。昔之以二號灰泥混充頭號灰等情弊，均已革除。於工作上之效率，關係至鉅。該處本處泊合作商，輒深苦之。自經採辦處自行採購後，現值每擔祗需一元五角，而貨質之佳，更逾往時。昔之以二號灰泥混充頭號灰等情弊，均已革除。於工作上之效率，關係至鉅。該處本處泊合作商，其辦法殊足說倡也。

面採辦處任意增漲，操縱自如，壟斷把持，不受限制。爰造廠面價格更任意增漲，操縱自如，壟斷把持，不受限制。爰造廠之旨，為同業服務。

採辦處既以服務同業，便利大衆為宗旨，故於採購材料時，在實際價格上僅加手續費少數，以供開支之用。每月結結將營業眼略製表公佈，以徵信實。內部由理事五人組成之。理事五人，內一人為主席，常務理事二人，會計及營業各之。監察則專司審核眼略。採購材料先須墊款。認墊基金以同業會員為限。採購材料先須墊款，故特規定基金二萬元，分為二百份，每份百元。認墊基金以同業會員為限。

基金月息八厘，亦由用餘項下撥付。俟墊款本息遺清，再有盈餘，則再謀業務之擴充，以期推廣採購範圍，供給同業普遍需要云。

在該處成立後一年內，由用餘項下提出十分之五，撥過墊款。

採辦處設南京路大陸商場三五六號。同業需用石灰，均可委託，並有二次給付貨款之辦法，（定貨時先付十分之三，貨物送者再付十分之七）便利購者，誠無徵不至也。

22121

營造廠業同業公會 會訊

上海市營造廠業同業公會，委託本刊，按期增闢專欄，發表該會會務消息，以便傳播，已自上期開始，尚希讀者注意。

上海市營造廠業同業公會經濟整理委員會簡章

一、本會定名為經濟整理委員會。由上海市營造廠業同業公會執行委員會議決組織之。

一、設委員七人至九人。推定一人為主任。均由執行委員會聘任。任期兩年。

一、凡關於處理會中經濟之出納。以及籌劃支配審核等。如須整理或改進者。得以議決并施行之。

一、徵收員司以及會計。須受本會之節制。其收支情狀。應每月列表報告本會一次。以資攷核。

一、徵收員司對於徵收發生困難，或有特別事故時。須即詳細報告本會。以憑解決。

一、本會對於徵收員司。得視其成績之優劣。加以獎懲。

一、本會每月至少開會一次。由主任召集。如經委員二人以上之提議。得開臨時會議。

一、會議須有委員過半數之出席。議決案件。須以出席委員一致通過為有效。

一、本會議決案件。即須繼以實行。

一、設祕書一人。辦理紀錄及公牘事宜。

一、本簡章由執行委員會通過施行之。

上海市營造廠業同業公會承理各法院鑑定案件

一、各法院送以有關建築之訟案。委託本會鑑定。除已先後擬成鑑定書具報外。鑑定書底稿。歷年積存頗多。茲檢出分別發表於本欄。本期先將五件。付諸剞劂。下期當續刊也。

一、為鑑定事。今因民國二十年地字第三一六號。吳淞勞働大學為賠償建築及工價案。由江葆庚與為鑑定人。鑑定建築工程之造價事實。謹將鑑定意見列左。

(一)鑑定物　吳淞勞働大學建造農學院、化學室、及課室等工程。未了部份之造價

(二)鑑定價值　除已築成工程之外。依照圖樣及說明書添造完竣。應計造價元七千三百八十七兩七錢五分七厘正

(三)鑑定地點　吳淞寶山。　謹呈

22122

上海第一特區地方法院

中華民國二十一年七月　　日

二、為鑑定事。今因民國二十一年應春財與田樹洲等。為工資沙訟一案。由江長庚為鑑定人。鑑定關於加賬部分。事實。

(一)鑑定物　建築工程

(二)鑑定價值　共計貳百八十一元五角二分正

(三)鑑定地點　法租界大馬路鄰家木橋　謹呈

上海第一特區地方法院

中華民國二十一年八月二十二日

三、為鑑定事。今因民國二十一年夏永祺與大夏大學等。為造價沙訟一案。由江葆真為鑑定人。鑑定該校舍添賬部分。

(一)鑑定物　大夏大學校舍

(二)鑑定價值　元二千七百六十兩幣五錢四分正

(三)鑑定地點　滬西中山路　謹呈

江縣上海地方法院

中華民國二十一年十月十四日

四、為鑑定事。今因民國二十一年聚康醬園與周煥榮等。為建築費涉訟一案。由江長庚為鑑定人。鑑定該醬園房屋工程。

(一)鑑定物　聚康醬園

(二)鑑定價值　計元九千六百六十六兩七錢六分五厘正

(三)鑑定地點　歐嘉路　謹呈

上海第一特區地方法院

中華民國二十一年十一月　　日

五、為鑑定事。今因民國二十一年簡字第九六七號。寬記賬房與陳盛海等。為欠租涉訟一案。由江長庚為鑑定人。鑑定回復原狀之牆壁。

(一)鑑定物　房屋

(二)鑑定價值　計元二百九十七兩五錢正

(三)鑑定地點　陳盛海。即振新織綢廠。在平涼路敬德坊二九，三一，三三號三間房屋。現在門牌改為九，十一，十三號。　謹呈

上海第一特區地方法院

中華民國二十二年一月　　日

本會自五月一日起舉行第二屆徵求會員大會，本刊謹摩。

因於本期內增闢『特輯』，彙載各委員發展會務之名言讜論，於此可覘本會前途之蓬勃氣象焉。

因徵求文字增多，並提早出版日期，致限於時間篇幅，長篇譯稿及其他短篇譯著，只能抽出，留待下期刊出，請閱著暨作者諒諒；林同棪先生之「硬架式混凝土橋梁」大作，已飛寄到，亦留刊下期，全文頗長，並有照片圖樣甚多，為關於橋梁建築之有價值著作。

本期「進行中之建築」，內含峽嶺工程攝影多幅，以之與峽嶺寄廬各套建築圖樣參照閱覽，對於工程狀況既可瞭如指掌，且於設計與營造之關係，亦可窺見一斑。

萊斯德工藝學院，為已故英商萊斯德氏所遺囑籌設，現已積極籌備，於上海自建巨大校舍，二月間勤工，定九月牟完成，規模宏大，全部資產價值百萬元。本刊特將其全套藍圖樣，發表於本期，可供設計校舍建築之觀

此外，如最近落成之百樂門舞廳，新亞酒樓，以及計擬中之中央大厦等，均為新穎宏偉之建築，特選載一二，諒亦為讀者所愛閱也。

本期譯著欄，除「特輯」外，並有「粵漢鐵路株韶段工程」，「財盡其用的萊斯德先生」等作品，及「萬國建築協會第四次會議追誌」「美國建築界服務人員及商店之統計」等譯作，恕不一一介紹。

22124

預 定

全 年	十二冊	大洋伍元
郵 費	本埠每冊二分全年二角四分;外埠每冊五分,全年六角;國外另定	
優 待	同時定閱二份以上者,定費九折計算。	

建 築 月 刊

第 二 卷 · 第 四 號

中華民國二十三年四月份出版

編輯者　上海市建築協會
　　　　南京路大陸商場

發行者　上海市建築協會
　　　　南京路大陸商場

　　　　電話　九二〇〇

印刷者　新光印書館
　　　　上海聖母院路聖達里三一號

　　　　電話　五三六四七

投 稿 簡 章

1. 本刊所列各門,皆歡迎投稿。翻譯創作均可,文言白話不拘。須加新式標點符號。譯作附寄原文,如原文不便附寄,應詳細註明原文書名,出版時日地點。

2. 一經揭載,贈閱本刊或酌酬現金,撰文每千字一元至五元,譯文每千字半元至三元。重要著作特別優待。投稿人却酬者聽。

3. 來稿本刊編輯有權增刪,不願增刪者,須先聲明。

4. 來稿槪不退還,預先聲明者不在此例,惟須附足寄還之郵費。

5. 抄襲之作,取消酬贈。

6. 稿寄上海南京路大陸商場六二〇號本刊編輯部。

22125

如欲

徵詢

請函本會服務部

本會服務部為便利同業與讀者起見，特接受徵詢。凡有關建築材料，建築工具，以及運用於營造場之一切最新出品等問題，需由本部解答或效勞者，請填寄後表，當卽答辦。（均用函覆，請附覆信郵資；本欄擇尤刊載。）如欲得各種材料貨樣貨價者，本部亦可代向出品廠商索取樣品標本及價目表，轉奉不誤。此項服務，基於本會謀公衆福利之初衷，純係義務性質，不需任可費用，敬希台督為荷。

上海市建築協會服務部

上海南京路大陸商場六樓六二零號

徵　詢　表
問題：
姓名：
住址：

22126

中國唯一之會計月刊　會計雜誌

第一卷及第二卷合訂本出版

裝厚各一千餘頁五十餘萬言洋裝一鉅冊定價三元

第三卷　第五期

中華民國二十三年五月一日出版

一、論總帳之分割與獨立平衡 …………………… 陸善熾

二、從會計學上觀察郵政會計 …………………… 張心澂

三、成本會計鳥瞰 …………………………………… 沈宗範

四、製造原料之計價方法 ………………………… 夏葵

五、審計制度論（一） …………………………… 蔣明祺

六、難盦中之新審計法 …………………………… 徐以燧

七、修正審計部組織法尒布後審計法應如何修正 …… 誤治檀

八、二十二年高等考試會計人員試題解答（二科） …… 楊汝梅 張心澂

九、損益計算書之分析（四種完） ……………… 奐佑棠

十、帳簿組織論（八） …………………………… 陸善熾

十一、讀者研究（二則）

十二、附載　中國計政學n1一覽

徐永祚會計師事務所出版

會計叢書　已出四種　書名列左

定價

每月一冊零售四角 全年十二冊預定四元
郵費國內不加 國外每期加二角五分

改良中式簿記概說　徐永祚會計師著　一冊　平裝　定價二角

成本會計綱要　陸善熾譯　一冊　平裝　定價一元五角

決算表之分析觀察法　徐永祚會計師編著　一冊　精裝　定價二元

英美會計事業　徐永祚會計師編著　一冊　精裝　定價一元四角

上海愛多亞路一百六十號五樓 徐永祚會計師事務所出版部發行

研討實業問題的基本要籍

實業界一致推重商業月報

商業月報於民國十年創刊迄今已十有三
年資望深久內容豐富討論實際印刷精良
致銷數鉅萬縱橫國內外故爲實業界一致
推重認爲討論實業問題刊物中最進步之
雜誌解決並推進中國實業問題之唯一資
助

君如欲發展本身業務瞭解國內外
實業界現狀解決中國實業問題請讀
「商業月報」應立卽訂閱

全年十二册　報費國內三元　（郵費在內）
　　　　　　　　外五元

出版者　上海市商會商業月報社
地　址　上海天后宮橋　電話四○一二六號

22130

22134

22136

22138

The BUILDER

建築月刊

VOL. 2 NO.

第二卷 第五期

上海建築協會

宏中肆外

孫科 題

大中機製磚瓦股份有限公司

製造廠浦東南匯縣下沙鎮

本公司因鑒於建築事業日新月異材料選擇尤關重要特聘專門技師購置德國最新式機器精製各種青紅磚瓦及空心磚等品質堅韌色澤鮮明自應銷以來已蒙各界推為上乘樂予採購茲略舉一二以資參攷其他惠顧諸君因限於篇幅不克一一備載諸希鑒諒是幸

大中磚瓦公司附啟

曾經購用敝公司出品各戶台銜列后

本埠

工部局平涼路巡捕房　新孫記承造

國立中央實驗館和興公司承造

四行儲蓄會　陶體記承造

英大馬路　趙新泰承造

藝業總會　新金記號承造

南京路　王銳記承造

南京飯店　新金記祥承造

山西路　各色異樣

開成造酸公司　磚瓦亦可

四北京路銀行　惠記典承造

麵粉交易所　元和興記承造

業廣公司　陳馨記承造

外埠

法救堂　吳仁記承造

歐飛路　吳仁記承造

勞神父路　吳仁記承造

七層公寓　新金記承造

中央飯店　利源建築公司承造

金陵大學南京　新金記康號承造

航空學校杭州　新金記康號承造

所出各品儲有大批現貨以備各界採用如蒙定製各色異樣磚瓦亦可照辦備有樣品如蒙索閱卽當送奉

22142

22143

22144

22145

22146

合作鎁五金公司

唯一最新國貨五金出品

門鎖
抽屜鎖
拉手
文具
鉸鏈

優點
精確
美觀
堅固
價廉

發行所 上海牛莊路七四二
總行處 上海塘沽路七九七
電報掛號 九六〇二
電話 九〇九八〇

22149

22151

POMONA PUMPS

「普摩那」電機抽水機

凡裝自流井
而欲求最經
濟之水源請
採用最新式

最新式之
抽水設備
PUMPING WATER
THE MODERN WAY

「普摩那」透平式抽水邦浦。利用機械與水壓原理製成。適得其宜者。

「普摩那」透平邦浦。絕對可靠。費用儉省。而出水量較多。

常年運用。幾無需耗費管理或修理等費。

時間減少。出水量增多。無需裝置價格昂貴之壓氣機等設備。大小邦浦。皆可裝置自動機件。

出水量。每分鐘自十五伽倫至五千伽倫。大小俱備。

抽水機軸。每隔十尺。裝有橡皮軸承。用水潤滑。靈便。可靠。

所佔裝置地位極小。

用美國威斯汀好司廠馬達發動之。

滬上各處裝置。成績優良。咸皆贊美。

總經理美商茂和公司

上海 圓明園路一八五號 電話一一三〇

22153

建築月刊　第二卷第五號

民國二十三年五月份出版

目　錄

插圖

計擬中之上海外灘弎務院 …………………………………………………………………… 一

南京聚興誠銀行新屋 …………………………………………………………………… 二

中國通商銀行新屋 …………………………………………………………………… 三

防禦馬路傾陷之鋼板樁攝影 …………………………………………………………… 四

木樁底腳工程之攝影 …………………………………………………………………… 五

上海寧波路廣東銀行新屋

絞試平車儀

縶立柱鋼鐵 之攝影 ………………………………………………………………… 六

進　行　中　之　建　築

上海中央捕房新屋進行中之攝影 ……………………………………………………… 七

上海南京路大陸商場房屋加高一層 …………………………………………………… 八

南京交通部新署東部攝影 ……………………………………………………………… 九

南京交通部新署之洋台與斗拱式之牛腿 ……………………………………………… 十

橋樑 ……………………………………………………………………………………… 一一—一三

譯　著

南京主席公邸圖樣全套 ………………………………………………………… 一四—二〇

中央農業實驗所圖樣全套 ……………………………………………………… 二一—二七

硬架式混凝土橋樑 …………………………………………… 林同棪 … 二八—三六

美國農村建築之調查 …………………………………………… 朗　棽 … 四六—四九

建築辭典 …………………………………………………………………………… 三七—四五

工程佔價 …………………………………………………… 杜彥耿 … 五〇—五四

建築材料價目表 ……………………………………………………………… 五五—五九

會　務 …………………………………………………………………………… 六〇—六一

編　餘 …………………………………………………………………………… 六二

THE BUILDER

MAY 1934   Vol. 2 No.5

LEADING CONTENTS

ILLUSTRATIONS

Proposed Office Building, Whangpoo Road, Shanghai.

Young Brothers' Bank New Building, Nanking.

PHOTOGRAPHS OF CURRENT CONSTRUCTION

Commercial Bank of China New Building.

Bank of Canton New Building.

View of the Central Police Headquarters showing Construction in Progress.

Additional Storey of the Continental Emporium Building, Nanking Road, Shanghai.

East and West Portions of the Ministry of Communication New Building in Nanking.

The Brackets and Verandah of the Ministry of Communication New Building in Nanking.

Bridges.

New Residence for the President of China, Nanking.

Central Agricultural Laboratory, Nanking.

ARTICLES

Rigid Frame Concrete Bridges.   By T. Y. Lin

Building Terms in English and Chinese.

Farm Building in U. S. A.   By G. Long

Building Estimates.   By N. K. Doo

Cost of Building Materials.

S. B. A. News.

Editorials.

計擬中之上海外灘事務院

海其漏建築師設計

PROPOSED OFFICE BUILDING, WHANGPOO ROAD, SHANGHAI.
H. J. Hajek, B. A. M. A. & A. S., Architect.

南京聚興誠銀行新屋

李錦沛建築師設計

Young Brothers Bank New Building, Nanking.

Poy G. Lee, Architect.

— 3 —

CURRENT CONSTRUCTION

中國通商銀行新屋

——防禦馬路傾塌之鋼領樁攝影——

New Commercial Bank of China Building.
    —View Showing Steel Piling Protecting
        the Road from Sliding—

PHOTOGRAPHS OF

築建之

中國通商銀行新屋

——木樁底的工程之攝影——

Piling Foundation of the New Commercial Bank of China Building, corner of Foochow and Kiangse Rds.

22161

Adjusting the Level in leveling the Foundation
Beams of the New Bank of Canton Building.

上海寧波路廣東銀行新屋

——攝試平華儀之攝影——

◁ —一—

上海寧波路廣東銀行新屋

——紮立柱頭鐵之攝影——

設計者：　李錦沛建築師

承造者：　張裕泰建築事務所

◁

Erecting Steel Bars to the Columns of the New Bank of
Canton Building, Ningpo Road, Shanghai.
Chang Yue Tai Construction Co., Contractors.
Poy G. Lee, Architect.

—— 6 ——

22162

上海中央捕房新屋進行中之攝影 —▷

View of the Central Police Head Quarters
Showing Construction in Progress.

建築中之上海中央捕房新屋天井內部攝影 ◁—

View of the Central Police Head Quarters Facing the
Court Yard.

Additional Storey of the Continental Emporium Building, Nanking Road, Shanghai.
T. Chuang, Architect.
Thu Luan Kee, Contractors.

上海南京路大陸商場房屋加高一層

莊俊建築師設計
協泰記營造廠承造

南京交通部新署東部之攝影

——該署行將竣工——

承造者：辛豐記營造廠

East Section of the New Ministry of Communication Building in Nanking,
near completion.

—Sin Fong Kee, Contractor.—

南京交通部新署西部之攝影

West Section of the New Ministry of Communication Building in Nanking.

22165

南京交通部新署之陽台與斗拱式之牛腿

The Brackets and Verandah of the New Ministry of Communication Building
in Nanking.

二橋樑二

單空硬架混凝土橋梁

單空硬架混凝土橋梁之上面觀

硬架橋左邊加以花石裝飾

此橋之上面爲兩路之交叉點

林同棪君贈刊

短跨度硬架橋之近觀

蝎橢圓形（Modified ellipse）之硬架，與拱橋相類。

此圖左部之硬架橋，為右部大橋之趨附橋空(Approach Span)

橢圓形之硬架斜橋

林同棪君贈刊

雙空硬架混凝土橋

硬架鋼橋一座，斜跨度九十五尺 (on skew)。

美國麻省之一硬架橋，Dedham, Mass., U. S. A.

巴西國(Brazil)之三空硬架橋，中孔長224英尺，
爲硬架橋跨度之冠。

林同棪君贈刊

22169

Model of new residence for the
President of China, Nanking.

Mr. T. Y. Chao, Architect.
Sing King Kee (Kong Hao), Contractors.

南京主席公邸模型

設計者——趙志游
承造者——新金記康號營造廠

New residence for the President of China, Nanking.   Block plan.

南京主席公邸   總地盤圖

下層平面圖

New residence for the President of China, Nanking.　　Ground floor plan.

京南主席公邸

New residence for the President of China, Nanking.

First floor plan.

南京主席公邸

22173

上層平面圖

New residence for the President of China, Nanking.　　　　Second floor plan.

南京主席公邸

Side elevation.

側 面 圖

New residence for the President of China, Nanking.

正 瓦 面 圖

New residence for the President of China, Nanking.

Front elevation.

22176

Central Agricultural Laboratory, Nanking.

Su, Yang & Lei, Architects.

22177

Central Agricultural Laboratory, Nanking.

22178

Central Agricultural Laboratory, Nanking.

22179

Central Agricultural Laboratory, Nanking.

22180

Central Agricultural Laboratory, Nanking.

22181

Central Agricultural Laboratory, Nanking.

22183

硬架式混凝土橋梁

林 同 棪

第一節 緒 論

尋常各種橋梁之結構，均分爲上下兩部。上部爲橋面與梁架；下部爲橋柱，橋墩與橋臺。設有平板(Slab)或縱梁（girder）橋梁一座，無論其爲單空平支式(Single span simply-supported)或多空聯梁式（Continuous），在上下部交接處，必歷有各種支座，如第一圖a,b。今如將各支座取消，而將上下兩部連成一氣，使彎曲處成爲硬角，如第二圖a,b；此種橋梁之結構，名爲硬架結構。（或稱爲框架結構，Portal Frame Construction）。

第一圖a

第一圖b

第二圖a

第二圖b

此種硬架橋梁，在歐洲早已見用。惟各梁柱之惰動率(moment of inertia)，多爲固定不變者。因變惰動率之硬架，其內部應力，較難計算也。定惰動率之硬架，其經濟跨度(economical span length)甚爲短小；故其應用範圍亦小爲。近十年間，此種結構，漸風行於美國；三四年來尤甚。且美國工程師，竟後來居上，利用變惰動率之梁柱，以增加其經濟與美觀；並大下研究工夫，以改良其設計與建築。自二三十尺以至百餘尺之各種硬架橋梁，已建成者不下數百座，在某種情形之下，其經濟，其便利，其堅固，其美觀，已爲工程界所公認。

近者混凝土建築之增加，以我國爲甚。蓋我國鋼價高昂，且多承給於他邦；而洋灰則國產甚多，碎石沙子又用之不竭。故各種建築，能用混凝土者則用之。以其合於經濟，又可提倡國產，促進實業也。乃混凝土之建築，多宜於連續結架（Continuous frames），而不宜於多用斷節（joints）。每用一斷節，卽多費雜料，多費許多手續。故硬架式之混凝土橋梁，於他國旣有其相當位置，於我國更可推用無疑。

第二節 硬架橋梁之各種式樣

硬架橋梁，式樣甚夥，足以應付多種環境。茲分述之如下。設計者可觀當地之情形而選擇之：—

(甲)縱面佈置

(1)單空(第三圖a)或多空(第三圖b)。各空之跨度相等(第三圖b)或各異(第三圖c)。

(2)斜軸，Skew(第四圖a)或正軸Right(第四圖b)

(3)橋面水平(第五圖a)，斜坡(第五圖b)，或彎形(第五圖c)

(4)各梁柱為定情動率(第六圖a)或搜情動率(第六圖b)

第三圖a　　　　　第三圖b　　　　　第三圖c

第四圖a　　　　　　　　第四圖b

第五圖a　　　　第五圖b　　　　第五圖c

第六圖a　　　　　　　　第六圖b

(乙)橫面佈置

(1)平板式，slab(第七圖a)；條梁式，beam(第七圖b)；縱梁橫梁式，beam and girder type,
(第七圖c)。

(2)上承式(第七圖a,b,c,)；下承式(第八圖a)；中承式(第八圖b)，

第七圖a　　　　　第七圖b　　　　　第七圖c

—— 29 ——

22185

第八圖 a　　　　　　第八圖 b

（丙）其他項目

(1)橋上載重——鐵道，公路，人行道。

(2)橋空跨過鐵道，公路，人行道，山谷，溪河等等。

(3)材料為鋼筋混凝土或鋼鐵。

(4)橋身外面用灰刷或石裝。

(5)橋基之建築，為木樁，洋灰樁（第九圖a），展承基，spread footings（第九圖b）或尖端式，
　　tapered ends（第九圖c）。橋基之設計為鉸鏈式（第九圖d）或固定式（第九圖e）。

第九圖 a　　　　　第九圖 b　　　　　第九圖 c

第九圖 d　　　　　　第九圖 e

第三節　解釋關於硬架橋梁之疑難

　　硬架橋之所以不克早日盛行，實為橋梁工程師之羞恥。蓋工程師之科學智識，多感缺乏；且每因循為慣，無創造之精神，無革命之勇氣。每出一新法，創一新論，羣衆必疑而忌之，畏而難之。故必有勇且智者，不恤入言，奮鬪實行之。迨其成功數四，事實與運論相符，然後前之反對者，今且曲契而應用之矣。按美國硬架橋梁之始祖，為海登工程師，Mr. Arthur G. Hayden. Designing Engineer, Westchester County Park Commission, New York, U. S. A.。方其初議此法，曲高

和寡；不但橋梁工程師，橋殼名教授對之發生懷疑，卽包工者，亦甚難莫敢承包，高出標價以備不測。幸海登君對此種結構，已下有極詳細，極精密之研究與實驗，遂覺果然之。此橋經用許久，絕無危險之氣象。且海登君又如法建築多橋，並切實證明其穩固，其經濟，其美觀。於是硬架橋梁，遂漸盛行於美國。茲將尋常關於硬架橋梁之疑難並其解釋，分述如下：——

(1)問：在上下部交接，(第十圖ABCD)，忽然彎曲，D點之單位壓力，如按尋常理論計算，其數量甚大，遠超過准許應力。此處能否發生危險？

第十圖

答：D點之應力固大，然其壓力係自各方面同來。混凝土所能受之幽閉壓力（confined compressive stress），遠高於尋常圓柱試驗所得之壓力。實驗之結果，已證明此種彎曲硬角之耐力。其所能受之撓曲動率，反大於同樣之直梁。故此層可不必慮及，歐洲用直梁柱時，多在轉彎處；加以楠角(fillet)。

(2)問：硬架之計算法，甚為繁難。不但費時殊多，亦誠恐靠不住。

答：硬架之計算法，並不困難。方今盛行之克勞氏連架計算法，(註一) 於此甚為適用。此法應用無窮，橋造設計者不可不學。學之最多不過用一日之功夫。用之以計算硬架，數小時足矣。如已學坡度撓度法(slope-deflection method) 或定點法 (Die Methode der Festpunkte) 者，各用其法亦無不可。各種算法得數俱同；雖均未能十分準確；以實驗之結果對照之，相差少有過百分之十者，固在准許之列也。

(3)問：此項結構，係靜力學所不能計者(statically indeterminate)，所發生之伸縮應力如何(Temperature and shrinkage stress) ？

答：伸縮應力，均可算出而為之備。且在尋常硬架橋梁，其為數亦無多焉。

(4)問：如橋基沈陷不勻，所發生之應力如何？

答：在石基與椿基，橋座不至沈陷者，因無問題。如基礎甚鬆，且易受震動，而橋座下沈不勻；則當視其不勻之程度。如不勻過甚，則不宜採用此種結構。此項沈座應力，亦可完全算出。

(5)問：橋基之實際情形，每旣非完全鉸鏈，又非完全固定，此當如何設計之？

答：橋基之為鉸鏈與否，其影響於實用尺寸極微，(可用理論並舉例證明之)。如其近於鉸鏈，則可設其為完全鉸鏈，如其近於固定，則可設其為完全固定。如在二者之間，則可作兩種之設計而用其較大之尺寸。且用新式算法，竟可設其為部分固定而計算之矣。

(註一)參看建築月刊第二卷第一號，第二號，第三號，作者所著關於克勞氏法之各文。

22187

(6)問：此種拱橋，用於鐵路，能否承受其衝擊力(Impact)？

答：鐵路橋梁之用混凝土者，近來日增，其穩固已無足疑。如有相當之軟墊（cushion layer)，並計算衝擊力而為之備，自可無問題也。

(7)問：此種橋梁之鋼筋佈置，未免複雜，能否因誤置而生危險？

答：此種鋼筋佈置，實較複雜，然設計者稍有學識即不至錯誤。至施工之時，監工必須特別留神，務令佈置準確。

(8)問：此種橋梁，究竟是否較他種為經濟？

答：在某種情形之下，此橋較為經濟。此已在理論與事實上證明。至於宜用此橋之情形，以下再為詳說。

第四節　硬架混凝土橋之特殊利益

此種橋梁非徒無害，如常人所見者；且其利益甚多。茲撮其要者分述如下：

(1)材料——凡應用混凝土為橋梁材料之利益，此種橋梁均有之。

(2)經濟——較之平支橋，聯梁橋，或懸臂橋，因無滑座與滾座，故零件少，設計易，建築較簡。築成之後，更無修養之必要。且橋墩橋頂較薄，用料較少。較之拱橋，則橋基，橋背工作較省焉。

(3)土工——其橋頂（crown）較薄，故橋面可較底而橋下淨空可較高。因此而填土較少，佔地亦小。

(4)橋下淨空——同樣跨度之橋空，硬架式橋下過水過車之面積，較拱橋為大。

(5)硬度(Rigidity)——載重相等時，硬架橋之撓度，較小於平支梁。

(6)美觀——中部拱高，輪廓簡單，橋身輕薄，且適宜於各種裝飾以配合各種環境。

以上各種利益，在下列各情形之下，尤為顯明：——

(1)兩路交點之分層(grade separation)。

(2)鞏固地基近於地面之所在。

第五節——硬架橋梁之設計

德國工程師計算此種橋梁，多用定點法。美國工程師前者多用坡度撓度法，今則多用克勞氏法，亦有用模型試驗者。模型試驗之最通用儀器，為貝各氏變形量測儀（Beggs deformeter）。模型則為假象牙或硬紙板製成者。惟此種量測儀，每付值美金五百至八百元，非大公司與大學校不能置備之。故普通設計者，必用算學計算。現今通行各算法，以克勞氏法為最便利，最適宜。

既決定橋梁之地點與式樣跨度等等，第一步須先假定各梁柱之尺寸。平板硬架之公路橋梁，載重在H-20（美國公路標準載重之一）左右者，可用第十一圖為參考。縱梁橫梁式之公路橋梁，可用第十二圖為參考。此橋縱梁寬度為二英尺；各梁中心相距為十六英尺。

—— 32 ——

22188

第十一圖

第十二圖

　　尺寸隨載重，地基，式樣，材料而變更。設計者計算之後，當知其眞正需用尺寸。抄在各點因載重所生之撓曲動率（Bending moment），只隨各點之相對惰動率而變更（Relative moment of inertia）。如該架全部加厚或減薄，而其各點之相對惰動率無大變動，則所算得各點之撓曲動率亦無若何變動。如各點之相對惰動率變動較大時，其大槪影響如下：惰動率增加較多之處，所受之撓曲動率增加；其增加較少者，所受之撓曲動率亦略小。至於因伸縮所生之動率，則與橋之惰動率俱增減焉。因有以上原因，故初步設計者，但能知其相對尺寸，其所算得之撓曲動率，卽已近似矣。至設計稍熟，所假定之尺寸，幾可不必改動。

　　旣知橋身之尺寸，則其呆重（dead load）可以算出，將每橋空分爲若干段，求每段之呆重，而設其聚集於該段之中點。如此則計算較易。

　　活重之計算，可用集中載重（conceutrated wheel loads）如鐵路之Cooper's E-loading或公路之H-loading。但爲便利起見，可用其等量之勻分載重（equivalent uniform load）或用勻分載重外加一集中載重。發生各點最大撓曲動率或剪力之載重位置，稍加思想卽可定出，無須乎用影響線（Influence lines）。

── 33 ──

22189

橋墩之土壓力（earth pressure）並其加重（surcharge），亦可假設其外爲若干段而計算之。如橋墩之高度，遠不及橋之跨度，則土壓力之影響甚小。否則此項應力，亦不可忽視。土壓力所生之動率，多與載重所生者相反；故不但無害，且每有益者。

氣溫變更或混凝土縮（shrinkage due to setting），均可發生伸縮應力。氣候之增減，可設其爲±40°F。凝縮之係數（coefficient of shrinkage），可設爲0.0002至0.0003。直接應力所發生之第二動率（moment due to direct stress or rib-shortening moment）甚爲有限，均可不必計。

如地基不穩固而能沈陷或擺動，可假設其沈動之量，計算其應力而爲之備。實則地基固者，此種沈動不能發生；地基鬆者，則多不用此種橋梁。

硬架之彎曲處（卽其硬角），因受兩旁壤土之限制，多不能自由左右擺動。設計者可視實地情形，定其能否擺動，而爲相當之計算。實際上，除兩端土壓力相差甚遠外，此項擺動，多可不必計算。

既得各點因各種原因所生之動率，可合併之以求最大之動率與剪力，而得各點之切面及所需之鋼筋。

第 六 節　　細 件 之 設 計

橋面之舖道，多卽將平板加厚之，或另加舖層。

欄杆宜用混凝土。此爲惟一露出橋面之建築物，應詳細設計之，以增美觀。

鋼筋之佈置，上下面均有之。其數量則未必相同，設計者當算出之。第十三圖之佈置，可爲參考。

第十三圖

如該橋位澄於山谷野外，其外面可無庸裝飾。如在繁華市內，則宜加以裝石，以與環境相稱。

橋端翼牆（wing walls）之設計，與他種橋梁相同。

第 七 節　　中線跨度與淨空跨度（Center line or clear span length）

計算硬架者，或用中線跨度，或用淨空跨度。兩者俱有相當根據。但按試驗之結果，計算時所用之跨度似應在兩者之間；然與其用淨空跨度，不如用中線跨度，似較爲合理。彎角交點處所當用之情動率，寞難決定。無已，如第十四圖可也。

第十四圖

若梁之中線AEB爲曲線，則E點之撓曲動率：當受A.B兩點水平力之影響。如e爲E點中心線與B或A點中心線之距離，則其影響之數量當爲He，(第十四圖)。

第 八 節　准許單位應力(allowable unit stresses)

我國混凝土工人，工作較劣於他國，且多用人工調打(hand mixing)，故混凝土之准許應力多只爲 650 lbs/sq.in. 如能得精細之監工並有經驗之工人，則用同等洋灰成分，其准許應力可增至800 lbs/sq.in. 更進而用水灰成分比例理論(water-cement ratio theory)，爲精密之調打，當可得更準確，更大之准許應力。

我國今日之公路，載重多甚輕。然過數年之後，載重必大增。故橋梁之設計，如以目前爲標準，日後必不堪用；如以他日爲標準，又未免用料過多。在此種情形之下，殊難得一圓滿之解決。作者在紐約見及海登工程師，曾以此詢之，徵其意見。彼云，"混凝土橋梁加固之法，今者尚未之見。如載重之增加爲目前事，如美國焉者，自重以此設計之。苟載重之增加乃在六七年之後，則可用下例設計法：按現時載重，以混凝土之准許應力爲650 lbs/sq.in.並鋼筋准許應力爲16000 lbs./sq.in. 而設計之；再按所預料六七年後之載重，以混凝土准許應力爲 1200 lbs/sq.in. 並鋼筋准許應力爲24000 lbs./sq.in.而設計之；以兩種設計所得之較大切面建築之。"作者意此種折中辦法，頗值吾人之注意。蓋其用料既省，而又能經載將來之車輛。混凝土之最大壓力(ultimate compressive stress)，與時俱增。二十八日時爲2000 lbs./sq.in.則三年後將爲4000 lbs./sq.in.。由此觀之，其准許應力，固可增加無疑。鋼之最大拉力，甚有標準；其准許應力，通常只用16000 lbs./sq.in. 爲數未免太小。推其用意，牛亦爲將來載重增加之準備。今橋梁既已經數年之功用，其准許應力自可增加。惟按作者之意，似只可增至 22000 lbs./sq.in.。此乃个人意見之不同而已矣。又聞歐州有新式鋼筋，係將尋常之鋼筋兩條，轉繞在一起。用之爲混凝土鋼筋，其負重較大於用同樣之兩條直筋。此層吾人似應加以研究，或又可省去不少鋼料。

第 九 節　結　論

設計者如不願費一二日之功夫，研究此種結構並其計算與設計，則無可足道。否則此種橋梁，確值吾儕之注意。惟於建築之時，監工者尤當注意鋼筋之佈置與混凝土之澆打，以期得良好之結果。

第十節　參　考　書

略舉參考書數本如下：——

(1) The Rigid Frame Bridge, by A. G. Hayden, Wiley, 1931。

(2) "Ten Years of achievement with rigid-frame bridges", Engineering News-Record, Apr. 27, 1933, pp.531-533。

(3) "Rigid frame bridges in Westchester County, N. Y.", By A. G. Hayden, Journal of the Franklin Institute, Feb. 1932。

(4) 在 Engineering News-Record 與 Civil Engineering 兩種雜誌中，多可見及關於硬架橋梁之小作品。

(5) 有志研究或採用此種橋梁者，可函索"Analysis of Rigid Frame Concrete Bridges" sept 1933,一書，函至，

> Portland Cement Association
> 33 West Grand Ave.
> Chicago, U. S. A.

本文第十一圖並附照第十一，十二張，係自此書取出，特此誌謝。此書並註有參考文章二十餘件，茲不備抄。

作者於客歲六月，至 Westchester County, New york, 訪 Mr. A. G. Hayden 討論此種橋梁。承其垂教，並請 Mr. R. M. Hodges 領導參觀，攝影多片（照片十二幅，刊於本期插圖欄　希讀者注意。）；特此鳴謝。　　　　　　　　　　　　　　　　　　　林同棪附註。

— 36 —

22192

—十二輯—

【Piling】椿料，打椿工程。材料之用為椿木者。舂打椿木之動作。

【Pillar】墩子。直立之支柱，形與柱子相倣，用以支柱重量或作為紀念之飾柱。

【Pillaret】小墩子。

【Pine】松屬木材。
Oregon pine 洋松，花旗松。
Red pine. 紅松。
White pine 白松。
Yellow pine 黃松。

【Pipe】管子。
Air pipe 通風管。
Down pipe 水落管。
Drain pipe 溝渠管，陰溝管。
Earthenware pipe 陶器管。
Gas pipe 瓦斯管。自來火管。
Overflow pipe 溢流管。
Rain water pipe 與 Down pipe 同。
Service pipe 流水管。
Soil pipe 糞坑管。
Vent pipe 透氣管。
Waste pipe 出水管。
Water pipe 自來水管。

【Pipe tools】管工器械。
【見圖】

【Piscena】水盤，水箱，水池。
【Pit】地窖。
【Pitch】硬柏油。

22193

【Plan】 平面圖。建築圖樣之顯示內部各室及牆垣等者。

Block plan 總地圖。圖之顯示營造地之位置與左近街衢及方向等者。

Ground floor plan 地盤樣。圖之顯示下層各室與牆垣者。

First floor plan 樓盤樣。圖之顯示上層各室與牆垣者。

【Plane】 鉋。——木匠用以鉋光木料者。

Block plane 短鉋。

Capping plane 圓角鉋。

Furring plane 粗鉋。

Grooving plane 槽鉋。

Long plane 長鉋。

Moulding plane 線脚鉋。

Rabbet plane 邊鉋。

Smoothing plane 細鉋。

【Planer】 鉋機。【見圖】

1. 刨木機。
2. 刨鐵機。

【Plank】 板，厚板。大段樹木剖鋸而成之板塊。plank 與 board 之意義略同，惟 plank 較厚於 board。

【Plaster】 粉刷。石灰與沙泥和水搗成漿狀，舊涎並加麻絲，以香凝固，粉於牆面或平頂，待乾後，變成堅硬。

Cement plaster 水泥粉刷。

Fibrous plaster 麻絲膏粉刷。

Granite plaster 洗石子粉刷，花崗石粉刷。

Gypsum plaster 石膏粉刷。

Lime plaster 白石灰粉刷。

Sand Plaster 水沙粉刷。

【Plasterer】 做粉刷水作，粉刷匠。

【Plastering】 粉刷工程。

【Plate】 平板。厚薄平均之板片或金屬片。

Black plate 黑鐵皮。

Finger plate 推手銅皮。門鎖之上面，釘一端花或裝飾之銅皮，俾用手推門時，推於銅皮之上，不致損污門上油漆。

Kick plate 踢板。門之下端，釘以金屬之薄片，所以防護踢踢也。

Plate bolt 大帽螺絲釘。螺絲釘之帽頂平整特大者。

Plate brass 銅皮。製造器物之銅片。

Plate glass 厚白片玻璃。情厚之玻璃，如鑄窗玻璃

22194

【Wall plate】沿油木。木欄柵疊放磚端，在下口所襯之木條，四面抹柏油或沙立根油。

【Plate】●鍍。包鍍皮或其他金屬之片，如樓房門上包白鐵或鍍皮。用電鍍金，銀及其他各色。

【Platform】●壇，月台。在室中或露天，平地上隆起一壇，用作演講者。火車乘客上下之處。

●平屋頂。

【Plinth】勒腳。在牆根自牆面突出之牆。
【見圖】

Plinth block 門頭線墩子。
【見圖】

【Plug】●榫。

●釘裝嵌之木板，釘者直接釘入磚縫，極易鬆脫，故於磚縫中必先舂入木楔，然後加釘，始能牢固。

●樸洛。台燈，風扇或電熨斗之接插於牆上者。

【Plumb】垂直，垂錘，線錘。區別垂直之器，如牆角或牆及

其他垂直物之不能用目力確定其是否直，應用線錘為之繩準。

【Plumber】●鉛皮匠。裝做白鐵水落，管子之工匠。

●管子匠。裝接水管，火管，浴缸，面盆，抽水馬桶，坑管等之工匠。

【Plumb rule】托線板。繩垂垂直之儀。
【見圖】

【Podium】底腳。羅馬廟院建築之底基，一部或全部從房屋面部突出之處。名podium，即今名footing。

【Pointed arch】尖頂法圈。

【Pointed architecture】(常稱Gothic architecture，)尖拱式建築。尖拱式建築，實際而適用之者。源自羅馬建築，為中世紀時歐洲建築師所擬之最後式樣。蓋因過事裝飾，未見實效，此斷，採供藝術及建築之用。於十六世紀之初，由文藝復興式建築，卒告朋潰。尖拱式之建築，其形式一如其名，以相同之建築起而代之。尖拱式之建築，其形式一如其名，頭拱圈連綴之。所以將圓形易為尖頭拱圈，且亦堅固。理想中之尖雜之拱形圓頂建築中，易於需造，拱建築物，如敦堂及其他類似者，宛如堆集之兩圓頂相交而成之角弧形，立於護壁之上，以拱柱等支撐之。在外牆壁及拱圈之間，則為窗戶，幾盡佔所有地位，而牆之為用

，對於建築物並無支持之功也。此種式樣雖易曲不堅，但
除教藝外，他若堡壘，住居等因義其形式，亦多採用之。
在十三世紀之中，法國集其大成，但各處各地，形式互各
不同，初頗简樸單純，建築師僅爲建築之問題而努力，並
不注意裝飾，而此時多數建築，均稱宏偉者也。迨後建築
之困難問題解決，於是移轉其注意，而努力於裝飾及琢磨
之功夫。建築之美點雖云增加，但因過分修飾，不切實際
，終被淘汰，而文藝復興式建築代之頓起矣。

〔見圖〕

【Pointing】 灰縫。將水磚壁之灰縫，用石灰或水泥鑲嵌，如圖
示各式。〔見圖〕

【Police station】 警察署。

【Polish】 ●使光瑩。如銅器之泡擦使光瑩；大理石之磨擦使光瑩
；木器之用泡立水拭擦使光瑩；磨石子水泥地之用砂石打
磨使光瑩是
●泡立水。漆之一種，用酒精與錫兩浸溶之流液，揩拭
木器，能使光瑩。

【Polystyle】 多柱式。屋之廊下或天井中四周圍繞多柱者。

【Polychromy】 色彩裝飾。任何美術之麗色彩者。

【Polytechnic School】 工藝學校。

【Pontoon】 浮碼頭。碼頭之隨潮水漲營高下者。

【Porch】 挑台。正屋之一面，突出耳房，而成達正屋之大門口

【Portal】 門口。

【Portcullis】 吊門。

【Portecochere】 騎樓。樓下可貢行駛車馬或轎車駛入天井之所
。〔見圖〕

【Portico】 楹廊。【見圖】

【Portland cement】 青水泥。

【Positive moment】 正能率。

【Post】 柱。 直立之木，金屬或其他材料，用作支撑或其他需用者，如戟笆柱，門柱等。

Door post 門柱。

King Post 正同柱。

Newel post 扶梯柱頭。

Post office 郵政局。

Queen post 副同柱。

【Postern】 後門，側門。莊院，城市，炮壘或寺院之邊門。任何於大門旁開設之小門。【見圖】

【Posticum】 後楹廊。雅典廟中與 Pronaos 相對映，而女神之像即置於此者。

【Postscenium】 後台。劇院中戲台幕簾之後部。

【Pot garden】 菜圃。意義與Kitchen garden同。

【Pot sleeper】 枕鐵。鐵道軌下之橫枕，用鐵勒製，以代枕木者，蓋所以避蛀蝕也。

【Pot steel】 坩堝鋼。

Chimney Pot 烟囪帽子。烟囪上端收頂處，圓形或方形或四面留有空隙之帽頂。

【Powder magazine】 火藥庫。

【Poultry house】 家禽棚，鷄棚。

【Power house】 發電房。

【Pour concrete】 澆擣水泥。

【Pozzuolana】 火山灰。此種火山灰，可製水泥，最初發現於 pozznoli，故名。

【Premise】 房產。

【Principal】 人字木。【見圖】

1. Tie beam 大料
2. Straining beam 天秤大料
3. King post 正同柱
4. Queen post 副同柱
5. Strut 斜撑
6. Principal 人字木
7. Purlin 桁楝
8. Rafter 椽子
9. Roof boarding 屋面板
10. Roof felt 牛毛毡
11. Cross rafter 格接
12. Eaves board 風簷板
13. Eaves gutter 水落
14. Eaves ceiling 簷頭平頂
15. Roof tile 屋瓦
16. Ridge 屋脊
17. Ceiling joist 平頂擱欄
18. Ceiling cornice 平頂線脚

22197

【Pronaos】前楹廊。雅典廟中於 Posticum 對映者。

【Projection】突出部。 [見圖]

盤梯突出之狀。

【Promenade】闊廊。公共場所或戲院中寬闊之長廊。

【Proportion】配襯，比準。任何闊樣之設計，均須配襯適宜，故建築師對於 proportion，特加注意。

【Public building】公共建築。

【Pulpit】說教臺。 [見圖]

【Property】產業。

【Pump】抽水機。

【Purlin】桁條。(見 principal 圖。)

【Push】推手。

Push plate 推手銅皮。門上所釘銅皮，用以推手者。

【Putty】油灰。嵌玻璃或其他用途。Back putty 底灰。嵌玻璃背面所用之底灰。

【Pylon】門口。埃及建築紀念堂之門道。 [見圖]

【Pyramid】金字塔。實體之石工建築，下端作方形，四周形如三角，斜坡向上接合成頂，此種建築，古時用作墳墓。埃及金字塔，以帝王所建者為最偉大。其最著者，如開羅附近之Ghizeh，大金字塔在Khufu或Cheops墓之後，此為世界七奇蹟之一，高四百八十一呎，七百五十六呎轉方。[見圖]

【Quadrangle】中庭。學校或其他公共建築，四方或長方形之天井，庭之四周，幾盡為房屋圍繞。

【Quadrel】四方。四方形之磚，瓦及石，尤其是粉質泥塊之磚及方塊之草皮。

【Quantity】數量。

22198

【Quality】品質。

【Quarrel】㈠鑽子，金鋼鑽。石匠用之鑽子，玻璃匠用以剖割玻璃之金鋼鑽。

㈡石料。採自石礦之石料。

【Quarry】石礦。以剖鑿，爆炸或其他類似之手續採取石料之礦礦石者。【見圖】

Quarry machine 採石機。任何機器之用以鑽眼巍開鑿

【Quarry, tile.】紅磚。用以舖於陽台，廚房等之地面者，以其質堅奧面上路毛，故名 Quarry。

【Quarry】毛坯石。石料之採自石礦而未經斬鑿者。

【Queen post】副同柱。(圖見Principal)

【Quirk】方槽線脚。線脚之一種。【見圖】

a b. Quirk moulding 方槽線脚。

Quirk bead 方槽角線。

【Quoi】限子。牆角限子石或限子磚。【見圖】

【Quotation】估價，報數額。

【Rabbet】打叠，高低縫。板之邊沿，刨成剖口，俾與另一板相鑲接。【見圖】

【Rack】架子。欄擱器物之架子，如自由車架，鎗架等。【見圖】

【Radiator】氣帶，暖氣片。金屬組成之片塊，中空，用管子通接鍋爐，傳達熱氣者。

A. Common rafter 椽子。
B. Creeping rafter 短篇。
C. Hip rafter 鐵椽。
D. Trimming rafter 千斤椽。
E. Valley rafter 天溝椽。

【Rail】
（一）欄杆。分割內外之欄。
（二）軌道。火車下之軌道，【見圖】

（三）扶手，橫檔。一根橫木或鐵，捆於支柱者。如戲台摔檔，扶梯扶手等。
（四）帽頭。一根橫木，在上下浜子之間，而二端銜接梃子者。

【Rail-road】
【Rail-way】鐵道。

【Rain water pipe】管子。白鐵或生鐵之水管，自簷際接至地面，承受屋面雨水，流入地下溝渠。

【Rain water head】水斗。裝於簷際，承受雨水之方箱，上下均有管子銜接。

【Rake】拗刮。砌牆時灰沙每於縫中擠出，故須用器刮去。

【Rake the joint】拗灰縫。

【Ram】木人。此係一種擺三和土底某之木舂，下釘鐵板，以多人拽起舂下，打堅三和土之器。

【Ramp】起伏。牆初砌時高低起伏之狀；扶梯高低斜坡之狀。

【Range】灶，鐵灶。廚房中置灶之處。

【Raw material】原料，生料。

【Reading room】書房，閱讀室。

【Rear】後。

【Rear elevation】後面樣。

【Rebate】打叠。（與Rabbet同）

【Reception room】接待室。

【Red lead】紅丹。鐵器第一塗所漆紅色之油，所以防止鏽蝕也。

【Refrigerator】電氣冰箱。

【Reinforced Concrete】鋼骨水泥。

【Reinforcement】鋼筋。

【Reneissance Architecture】復興式建築。

【Render】塗粉。如室中牆上塗粉石灰或水沙，及外牆之塗粉水泥等。

【Repair】修理。

【Restaurant】吃食館。

【Restoration】修復。

22200

『Retaining wall』禦堵牆。防堵泥土鬆坍之牆，如道路之路基低　　　　『Roof』屋頂。〔見圖〕
於兩旁之凹，應築牆以堵之。

『Revolving door』轉門。十字式之轉門，用於公共場所出入人數
衆多之處。

『Ridge』脊。屋頂隆起之筋。

『Rim lock』霍鎖。

『Rim night latch』彈弓門鎖。

『Riser』起步。扶梯踏步每步之高度。
〔見圖〕

『Rivet』帽釘。釘搭鐵板等之釘。
〔見圖〕

1. Pyramid 金字塔式屋頂
2. Gable with lean-to below 兩山頭姚拔水式屋頂
3. Mansard 孟陵德式屋頂
4. Hip 戧式屋頂
5. Jerkin-head 戧帽式屋頂
6. Gable 山頭式屋頂
7. Hip-and-valley 戧與溝式屋頂
8. French 法國式屋頂
9. Gambrel 老虎衙式屋頂
10. Saw-teeth 鋸齒式屋頂
11. M 起伏式屋頂

（待續）

美國農村建築之調查

朋琴

編者按：美為黃金國家，以富著於世。書報傳載，輒知該國農民生活，楊氣享用之能事。出以汽車代步，入則華室自娛；經濟裕如，心竊淺之。但究其實際，居室不企，生活維艱者，佔數亦多。嚴重之程度，雖難擬於崩潰中之吾國農民生活，但其起居之優裕，亦決不若像像之甚也！本文卽美國農民生活中之住的分析，因此亦可瞭然於黃金國家之底蘊矣！

美國農村經濟情形，大異往昔，此殆世界不景氣潮流所趨，爲無可避免之現象。就農村建築而論，亦多因陋就簡，設備不全。執政當局，思以聯邦金融力量，復與此農村建設工作。經濟專家則謂非以長期低利之資金貸於農民，對此或有臂助，恢復先前繁榮。當局爲實行初步計劃起見，特由農業部主持調查全國農村建築情形，期得某本報告，再定改進辦法。全國受調查者約計三百區，初步一般報告現已完成，最後報告尚待徵集，再行發表。然據初次報告所得，則一般建築爲枯舊不堪，勢將傾坍，或有礙衛生，設備不全，令人視之怵疑爲非進步之國家，而爲未開化之民族也。

若將每一區報告加以研究，作成結論，是誠不可能。試閱本文所附之印第那州班登區 (Benton County, Indiana) 之報告。該處爲該區繁榮之區，生活程度在一般標準之上。但一閱該報告之統計，則在一，三九二處農村住屋中，僅三七四家裝有浴缸及淋雨浴器者。二三一家（約佔百分之一六·六）備有改良之梳沐室 (toilets)。七十八宅享有電力之設備，雖在後增設者，亦有一八〇宅。屋頂，隔音，護雞，漆，地板，及天花板等材料，均須有普遍之改善。有一四二家之屋頂，須重行更新，二四四處則須改造及修理之。一五〇宅之屋基，須全部更換，二三九宅則需修理或改建。他若臥室，藏餘室，及浴室等，均須增加必要者也。在建築業中，設有人問汝：「若貸汝五百元，汝將如何使用以改進汝之住屋乎？」答案紛歧，互各不同。（指在班登州而言）內有二七七人欲裝置浴室設備；二三八人則欲裝水管工程；一五五人欲裝熱氣工程。需修外牆外有一八一人，（佔百分之十三）修內牆及天花板地板者，有一八八人。（佔百分之十三有五）

七逃班登州之調查報告，殊不足代表他區之情形。試再以露茜娜 (Louisiana) 之Acadia Parish區而言，在三，五七五農村住屋中，一，九九五宅需要新屋頂或須修理者。一，八一五宅需要護雞或須修理者。一，三九八宅需要新烟囪或須修理者。二，一三六宅需要新門窗或須修理改裝者。一，九四一宅需要改造新的內牆及天花板，或須修理者。

美國當前最大之實業，厥爲改造人民住屋，使其安居。此係就全體人口而言，不論貧富貴賤，或黑種白種，故在將來實爲最大之市場

22202

也。

上述貸款五百元之問題，在露茜娜所得之答案，與班登州各異。在露茜娜州，急切需要修理牆，屋頂及烟囱者，爲數頗多。例如在三

，五七五所農村住屋中，欲得款裝修門窗及護籬者，達二，四一九家，佔總數之百分之六七●七。一，八○○家（佔百分之五十二）需費

修理外牆。一，七六二家（佔百分之四九●三）需要修理內牆，天花板，及地板等。需要修理屋頂者佔第四位，有一，七二六家，（佔百

分之四八●三）。餘如需要衞生設備者，佔百分之四四●五，增加住室者佔百分之四三●一，需修椿基者佔百分之三七●八，需要走廊者

佔三五●四，需要水管工程者佔二七●九。

綜觀上述統計，則農村住屋之建築與改善，實屬極爲重要，急不容緩。若屋主能得充分金錢，必先改造其住屋，然後及於給水，衞生

，及電氣等設備之改進。除上述班登及露茜娜二州外，尚有一情形較爲中庸之雪爾培區(Shelby County, Kentucky)報告，亦值得吾人之

注意。在受調查之二，○一五處住屋中，外面之漆，隔離，屋頂，及內牆與天花板等，爲最感需要者。需要新屋頂者達二三七家，

需要修理者達五九四家。新屋基之需要者一一四家，需修理者六○二家。在此二千餘宅中，裝有淋雨浴者僅一七○家，熱水管二二家，

七家，廚室中裝有洗碟櫃及溝渠者二四三家，電燈光線者二九六家。在前述之五百元修屋借款中，答稱欲修理外牆者達九九二家，佔總數

百分之四九●二。而需要修理外牆，天花板，及屋頂者，亦達九二八家，佔全數百分之四六●一。水管工程佔次位，計五六九家，佔百分

之二九。需要屋頂者五一五家，佔百分之二五●六。需要增加居室者有四一六家。門，隔離，及窗佔四三九家，電氣佔三四八家，浴室佔

三一七家。

至於全國三百區農村住屋之調查，其總結果尚未揭曉，然建築實業界對此均極注意。已得之統計，足以表示建築實業界現有一極大之

市場，政府當局倘能注意及此，設法作經濟上之援助，則百業將同受其惠也。

附印第那州班登區農村住屋調查報告

（受調查之住屋計一，三九二所。內未粉漆者一○○所，已粉漆者一，二四一所；清水灰粉者一八所，磚屋二四所，石屋二屋，水泥

屋五所。內一，二三六所爲一層以上者；每屋平均約有十室。）

（一）房屋情形

外面油漆　　　　　需要全部更換者　　　五六四宅

　　　　　　　　　需要修理或改裝者　　二二二宅

（二）需要添加地位者

項目	現有者	需要增加室數	需要之百分比
隔離	三三一	一,一三九	——
椿基	一五〇	一三九	八·〇
内藏及天花板	一四六	四〇八	五·五
屋頂	一四二	二四四	五·四
隔熱	一二二	五八	五·四
門窗	一一〇	三六五	四·八
地板	一〇二	二三九	四·六

（三）給水及水溝

項目	現有者	需要新裝者	需要新裝之百分比
浴室	三八〇宅	一一二宅	八·〇
果蔬貯藏室	九一六	七六	五·四
臥室	五,一八八間	七五間	五·四
農事洗滌室	二五八	六四	四·六
用手汲取者	九八二宅	——	——
屋內用扑浦者	三七七	一二三	八·八
冷水龍頭	四一五	六五	四·七
熱水龍頭	二一一	六〇	四·三
未改良室外沐浴間	七二一	二一	一·三
已改良室外沐浴間	四四九	六	〇·四
已改良室內沐浴間	二二一	四	六·八

（以下為直行表格，已轉為橫排）

項目	現有者	需要新裝者	需要新裝之百分比
淋雨浴	三七四	三一	八・二
廚房洗滌櫃及溝	八八九	二一四	二四
（四）光與熱			
煤油或汽油燈	一，〇九六	一三	一・三
煤氣燈	六六	一三	一六・五
家中自發電者	一八〇	三四五	二八・七
接用電線者	七八	二三	八一・五
壁火爐	三四	七三	三八・二
火爐	八八二	六九	一・五
水汀	五七八	二一	二・二
（五）冷藏氣，洗滌器，及烹飪設備			
冰箱	二五八	二三	一・七
冷藏棧	三	七三	五・二
電力洗滌器	六三五	六九	五・〇
手工洗滌器	四二三	二一	一・五
木炭爐灶	一，三三五	三七	二・七
煤汽油爐灶	四〇六	一一	〇・五
煤氣爐灶	八	七	八・七

工 程 估 價

（十四續）

杜 彥 耿

時代之演進，無時或息；木窗之於建築，已漸形淘汰，銳以鋼窗，起而代之。蓋鋼窗一物，毋須闊大之窗框及帽頭，是以光線充足，更無氣候燥則縮與潮濕時伸漲之弊。木窗之弊，因木質有伸縮性，以致漲則不能關閉；縮則風自隙中吹入，減低室中溫度。鋼窗則均無之，宜其建築家競相採用，而盛行一時矣。

鋼門則用於依陽台之半截鋼門；餘不多覯；惟匯豐銀行香港總行，業已完全採用鋼門，恐錄此倡導，繼之採用者必衆，行見今後之新興大工程，旣鋼其窗於外，更將鋼其門於內，而竟成全部「禦火工程」。由是觀之，此爲自然之演進，我人倘不早爲之備，則海關進口冊中，必將多開一類進口稅，亦卽多一漏巵也。

鋼窗所用之鋼條，花式繁多；尺寸亦有一寸厚一寸二分厚，一寸半厚等不同。鋼窗之厚度，通稱「Section」，例如一寸半厚者，稱「1½"Section」，蓋(Section)者，卽斷面之意也。斷面更有輕斷面(Light section)與重斷面(Heavy section)之別。茲將鋼窗材料，斷面種類，裂圖如下：

目前普通所用之鋼窗，其斷面大都厚一寸；窗之面積若闊大，則斷面之厚度，亦應加增。茲姑將一寸厚之鋼窗與一寸半厚之鋼門，舉堂價格分析於下：

22206

（一）一號因無櫺子，故斷面須厚，至少應一寸二分厚之鋼條，用銅拉手，螺絲窗撐，腰頭窗用銅梗窗撐，每方尺價一元二角；則此窗之面積二十四方尺，應值洋二十八元八角。

（二）二號窗用一寸厚鋼條，銅拉手螺絲窗撐，腰頭窗用銅梗窗撐，每方尺價洋一元另五分，此窗之面積二十四尺，每扇應值洋二十五元二角。

倘下面窗撐，不用螺絲，與腰頭窗同樣，則每方尺洋一元，每堂計洋二十四元。上述之鋼條，係普通輕區者，若欲用特製之重量，每方尺須一元二角半，則一窗之值，須洋三十元。若下面用銅梗窗撐，每方尺洋一元二角，一扇窗值洋二十八元八角。

（三）三號窗大率用於棧房或工廠者，故僅中間開啓，四邊裝住，不能啓閉；因之鋼器配件亦少，價格低廉。用一寸厚之鋼條，窗之尺寸闊大者，每方尺洋六角；若其尺寸不大，則每方尺洋七角。

（四）四號鋼質大脚玻璃門，用一寸半斷面鋼條製造，每方尺價洋一元五角。

上述鋼窗價格，初不能視為確切不移之定價；倘定製此項鋼窗數額多，而花式種類少者，價賤。反之：如定製之數額少，而花式繁多者，若每扇窗之尺寸各不同，則製造麻煩費時，不若各窗之尺寸碼子一律為簡易，故價自當增加矣。

市上鋼窗價格，均以每方尺為單位，已如上述。茲更欲使讀者明瞭起見，特不厭週詳，將各種不同樣鋼條之斷面，重量，與每百尺原料之價格，製圖於下，想亦讀者所樂聞歟。

256　　　　316

每呎　1.06 磅　　　　　每呎　.80 磅
每噸　2113 呎　　　　　每噸　2800 呎
每 100 呎　10.30 元　　　　每 100 呎　6.30 元

22207

367

每呎 1.65 磅
每噸 1357 呎
每 100 呎 17.30 元

382

每呎 1.834 磅
每噸 1221 呎
每 100 呎 19.20 元

500

每呎 1.32 磅
每噸 1697 呎
每 100 呎 13.40 元

501

每呎 1.515 磅
每噸 1478 呎
每 100 呎 15.30 元

502

每呎 1.32 磅
每噸 1697 呎
每 100 呎 13.40 元

504

每呎 1.88 磅
每噸 11.91 呎
每 100 呎 20.40 元

505

每呎 2.11 磅
每噸 1061 呎
每 100 呎 22.90 元

506

每呎 1.88 磅
每噸 11.91 呎
每 100 呎 20.40 元

508

每呎 1.30 磅
每噸 1723 呎
每 100 呎 13.90 元

22208

509

每呎　1.10 磅
每頓　2036 呎
每 100 呎　11.80元

510

每呎　1.10 磅
每頓　2036 呎
每 100 呎　11.80元

521

每呎　1.28 磅
每頓　1750 呎
每 100 呎　12.90元

522

每呎　.97 磅
每頓　2309 呎
每 100 呎　8.50元

540

每呎　1.73 磅
每頓　1295 呎
每 100 呎　18.50元

581

每呎　2.05 磅
每頓　1092 呎
每 100 呎　20.70元

582

每呎　1.32 磅
每頓　1697 呎
每 100 呎　17.80元

583

每呎　1.74 磅
每頓　1287 呎
每 100 呎　23.50元

800

每呎　.571 磅
每頓　3923 呎
每 100 呎　6.20元

807

每呎 .23 磅
每噸 2408 呎
每100 呎 12.90元

850

每呎 .054 磅
每噸 2623 呎
每100 呎 2.90元

各式銅條之價格，已如上述。茲更將銅件人工等，分別錄下：

銅 拉 手	好貨每只	一元一角	次貨每只	六角
銅梗窗撐	" "	一元四角	" "	九角
螺絲窗撐	" "	一元八角	" "	一元一角
銅 鉸 鏈	二寸長	每塊	三角	
	三寸長	每塊	三角半	
	四寸長	每塊	四角	
鐵 鉸 鏈	二寸長	每塊	二角半	
	三寸長	"	三角	
	四寸長	"	三角半	
烊氣銲接		每一接頭	洋五分	
電氣銲接		每一接頭	洋四分	
人　　工	一寸斷面	每方尺	洋二角半	
"	一寸二分	"	洋二角八分	
"	一寸半	"	洋三角半	
油 漆		每方尺	洋三分	
轉 送		"	洋一分	
鐵 腳		每只	洋三分	
玻璃彈簧		每磅	洋二元四角	

（待續）

22210

建築材料價目表
磚瓦類

貨　　名	商　　號	大　　　小	數捷	價　目	備　　註
空　心　磚	大中磚瓦公司	12″×12″×10″	每千	$250.00	車挑力在外
″　　″　　″	″　″　″　″	12″×12″×9″	″　″	230.00	
″　　″　　″	″　″　″　″	12″×12″×8″	″　″	200.00	
″　　″　　″	″　″　″　″	12″×12″×6″	″　″	150.00	
″　　″　　″	″　″　″　″	12″×12″×4″	″　″	100.00	
″　　″　　″	″　″　″　″	12″×12″×3″	″　″	80.00	
″　　″　　″	″　″　″　″	9¼″×9¼″×6″	″　″	80.00	
″　　″　　″	″　″　″　″	9¼″×9¼″×4½″	″　″	65.00	
″　　″　　″	″　″　″　″	9¼″×9¼″×3″	″　″	50.00	
″　　″　　″	″　″　″　″	9¼″×4½″×4½″	″　″	40.00	
″　　″　　″	″　″　″　″	9¼″×4½″×3″	″　″	24.00	
″　　″　　″	″　″　″　″	9¼″×4½″×2½″	″　″	23.00	
″　　″　　″	″　″　″　″	9¼″×4½″×2″	″　″	22.00	
實　心　磚	″　″　″　″	8½″×4⅛″×2½″	″　″	14.00	
″　　″　　″	″　″　″　″	10″×4⅞″×2″	″　″	13.30	
″　　″　　″	″　″　″　″	9″×4⅜″×2″	″　″	11.20	
″　　″　　″	″　″　″　″	9″×4⅜″×2¼″	″　″	12.60	
大　中　瓦	″　″　″　″	15″×9½″	″　″	63.00	運至營造場地
西　班　牙　瓦	″　″　″　″	16″×5½″	″　″	52.00	″　　″
英國式灣瓦	″　″　″　″	11″×6½″	″　″	40.00	″　　″
脊　　　瓦	″　″　″　″	18″×8″	″　″	126.00	″　　″
瓦　　　筒	義合花磚瓦筒廠	十　二　寸	每只	.84	
″　　″　　″	″　″　″　″	九　　　寸	″　″	.66	
″　　″　　″	″　″　″　″	六　　　寸	″　″	.52	
″　　″　　″	″　″　″　″	四　　　寸	″　″	.33	
″　　″　　″	″　″　″　″	小　十　三　號	″　″	.03	
″　　″　　″	″　″　″　″	大　十　三　號	″　″	1.54	
青水泥花磚	″　″　″　″		每方	20.98	
白水泥花磚	″　″　″　″		每方	26.58	

22211

木　材　類

貨　　名	商　　號	說　　明	數量	價　格	備　註
洋　　松	上海市同業公會公議價目	八尺票卅二尺算是照加	每千尺	洋八十四元	
一　寸　洋　松	″　″　″		″　″	″八十六元	
寸　半　洋　松	″　″　″		″　″	八十七元	
洋松二寸光板	″　″　″		″　″	六十六元	
四尺洋松條子	″　″　″		每萬根	一百二十五元	
一寸四寸洋松一號企口板	″　″　″		每千尺	一百○五元	
一寸四寸洋松副號企口板	″　″　″		″　″	八十八元	
一寸四寸洋松二號企口板	″　″　″		″　″	七十六元	
一寸六寸洋松一頭號企口板	″　″　″		″　″	一百十元	
一寸六寸洋松副頭號企口板	″　″　″		″　″	九十元	
一寸六寸洋松二號企口板	″　″　″		″　″	七十八元	
一二五四寸一號洋松企口板	″　″　″		″　″	一百三十五元	
一二五四寸二號洋松企口板	″　″　″		″　″	九十七元	
一二五六寸一號洋松企口板	″　″　″		″　″	一百五十元	
一二五六寸二號洋松企口板	″　″　″		″　″	一百十元	
柚木（頭號）	″　″　″	偷帽牌	″　″	五百三十元	
柚木（甲種）	″　″　″	龍　牌	″　″	四百五十元	
柚木（乙種）	″　″　″	″　　″	″　″	四百二十元	
柚　木　段	″　″　″	″　　″	″　″	三百五十元	
硬　　木	″　″　″		″　″	二百元	
硬木（火介方）	″　″　″		″　″	一百五十元	
柳　　安	″　″　″		″　″	一百八十元	
紅　　板	″　″　″		″　″	一百○五元	
抄　　板	″　″　″		″　″	一百四十元	
十二尺三寸六八皖松	″　″　″		″　″	六十五元	
十二尺二寸皖松	″　″　″		″　″	六十五元	
一二五四寸柳安企口板	上海市同業公會公議價目		每千尺	一百八十五元	
一寸六寸柳安企口板	″　″　″		″　″	一百八十五元	
二寸一建松半片	″　″　″		″　″	六十元	
一丈字印建松板	″　″　″		每丈	三元五角	

22212

貨　　名	商　　號	說　　明	數量	價　格	備　註
一丈足建松板	" " "		" "	五元五角	
八尺寸甌松板	" " "		" "	四元	
一寸六寸一號甌松板	" " "		每千尺	五十元	
一寸六寸二號甌松板	" " "		" "	四十五元	
八尺機鋸杭松板	" " "		每丈	二元	
九尺機鋸甌松板	" " "		" "	一元八角	
八尺足寸皖松板	" " "		" "	四元六角	
一丈皖松板	" " "		" "	五元五角	
八尺六分皖松板	" " "		" "	三元六角	
白松板	" " "		" "	四元	
九尺八分坦戶板	" " "		" "	一元二角	
九尺五分坦戶板	" " "		" "	一元	
八尺六分紅柳板	" " "		" "	二元二角	
七尺俄松板	" " "		" "	一元九角	
八尺俄松板	" " "		" "	二元一角	
九尺坦戶板	" " "		" "	一元四角	
六分一寸俄紅松板	" " "		每千尺	七十三元	
六分一寸俄白松板	" " "		" "	七十一元	
一寸二分四寸俄紅松板	" " "		" "	六十九元	
俄紅松方	" " "		" "	六十九元	
一寸四寸俄紅白松企口板	" " "		" "	七十四元	
一寸六寸俄紅白松企口板	" " "		" "	七十四元	
俄麻栗光邊板	" " "		" "	一百二十五元	
俄麻栗毛邊板	" " "		" "	一百十五元	
一二五，四寸企口紅板	" " "		" "	一百四十元	
六分一寸俄黃花松板	" " "		" "	七十三元	
一寸二分四分俄黃花松板	" " "		" "	六十九元	
四尺俄條子板	" " "		每萬根	一百十元	

水　泥　類

貨　名	商　號	標　記	數量	價　目	備　註
水　泥		象　牌	每桶	六元三角	

貨　　名	商　號	標　　記	數量	價　目	備　　註
水　　泥		泰　　山	每桶	六元二角半	
水　　泥		馬　　牌	〃	〃 六元二角	
白　水　泥		英國"Atlas"	〃	〃 三十二元	
白　水　泥		法國麒麟牌	〃	〃 二十八元	
白　水　泥		意國紅獅牌	〃	〃 二十七元	

鋼　條　類

貨　　名	商　號	標　　記	數量	價　目	備　　註
鋼　　條		四十尺二分光圓	每噸	一百十八元	德國或比國貨
〃	〃	四十尺二分半光圓	〃 〃	一百十八元	〃 〃 〃
〃	〃	四二尺三分光圓	〃 〃	一百十八元	〃 〃 〃
〃	〃	四十尺三分圓竹節	〃 〃	一百十六元	〃 〃 〃
〃	〃	四十尺普通花色	〃 〃	一百〇七元	鋼條自四分至一寸方或圓
〃	〃	盤圓絲	每市擔	四元六角	

五　金　類

貨　　名	商　號	標　　記	數量	價　目	備　　註
二二號英白鐵			每箱	五十八元八角	每箱廿一張重四〇二斤
二四號英白鐵			每箱	五十八元八角	每箱廿五張重量同上
二六號英白鐵			每箱	六十三元	每箱卅三張重量同上
二八號英白鐵			每箱	六十七元二角	每箱廿一張重量同上
二二號英瓦鐵			每箱	五十八元八角	每箱廿五張重量同上
二四號英瓦鐵			每箱	五十八元八角	每箱卅三張重量同上
二六號英瓦鐵			每箱	六十三元	每箱卅八張重量同上
二八號英瓦鐵			每箱	六十七元二角	每箱廿一張重量同上
二二號美白鐵			每箱	六十九元三角	每箱廿五張重量同上
二四號美白鐵			每箱	六十九元三角	每箱卅三張重量同上
二六號美白鐵			每箱	七十三元五角	每箱卅八張重量同上
二八號美白鐵			每箱	七十七元七角	每箱卅八張重量同上
美　方　釘			每桶	十六元〇九分	
平　頭　釘			每桶	十六元八角	
中國貨元釘			每桶	六元五角	

22214

貨　名	商　號	標　記	數量	價　目	備　註
五方紙牛毛毡			每捲	二元八角	
半號牛毛毡		馬　　牌	每捲	二元八角	
一號牛毛毡		馬　　牌	每捲	三元九角	
二號牛毛毡		馬　　牌	每捲	五元一角	
三號牛毛毡		馬　　牌	每捲	七　　元	
鋼　絲　網		2 7″×9 6′ 2¼lb.	每方	四　　元	德國或美國貨
〃　〃　〃		2 7″×9 6′ 8lb. rib	每方	十　　元	〃　〃　〃
鋼　版　網		8′×12′ 六分一寸半眼	每張	三十四元	
水　落　鐵		六　　分	每千尺	四十五元	每根長廿尺
膈　角　綫			每千尺	九十五元	每根長十二尺
踏　步　鐵			每千尺	五十五元	每根長十尺或十二尺
鉛　絲　布			每捲	二十三元	闊三尺長一百尺
綠　鉛　紗			每捲	十　七　元	〃　〃　〃
銅　絲　布			每捲	四　十　元	〃　〃　〃
洋門套鎖			每打	十　六　元	中國鎖廠出品 黃銅或古銅色
〃　〃　〃			每打	十　八　元	德國或美國貨
彈弓門鎖			每打	三　十　元	中國鎖廠出品
〃　〃　〃			每打	五　十　元	外　　　貨

會務

本會暨營造廠業同業公會

餞別沈工務局長赴德考察

本會暨營造廠業同業公會餞別沈工務局長攝影

（有△者即爲沈君怡氏）

上海市工務局局長沈君怡氏，就任七載，對於本市市區建設，藉極規劃，頗著勞績。現沈氏奉中國經濟委員會及吳市長之命，於六月八日啓程赴德，代表我國出

席萬國道路會議，並考察該國最近市政設施，以資借鑑。上海市建築協會，暨營造廠業同業公會，爰於沈氏出國在即，於六月二日下午七時，在建築協會交誼廳，設鐉爲沈氏餞行。到沈局長外，有來賓及會員李大超，薛次莘，蕭大酉，顧道生，唐文悌，張效良，陶桂林，莊

俊，張繼光，謝秉衡，湯景賢，何紹庭，江長庚，陳松齡等，都百餘人。蹌蹌一堂，頗極盛況。席間由陶桂林君代表致辭，略謂大上海之建設計劃，發勳於前任黃伯樵市長，實現於前任張岳軍市長，完成於現任吳國楨市長。各項建設，均具規模，水陸交通，積極進展，將來發達，指日可覘。而沈局長即爲始終參與此建設運勳之人，苦心擘劃，勞績卓著。此項奉命赴德，他日云歸，對國內定多貢獻，竊以吾國自戰後籌備各戰勝國束縛之痛苦，國內值

許十萬警察維持秩序，所有正式海陸空軍及軍艦軍器等，均受極嚴厲之限制，幾無以復存；處境之困，甚於今日之吾國。然該國朝野上下，不因是而消極長傷，堅忍茹苦，努力奮鬥，不曲不撓，始終如一。故年來德國物質上之建設，已恢復戰前狀態，且邁進不已，成績驚人。然凡此種種，省得力於德人精神建設之助也！故爲沈局長考察物質建設之餘，將戰後德人精神上之建設，多多介紹國人，以爲模楷，而資振作云。繼由沈局長致答

辭，謂辱承寵饈，殊不敢當。吾國近年來之建築，於質於量，均有顯著之進步，尤以各大都市爲然。惟本人歷經閱名之建築等，保存無方，摧毀頻仍，往往初度訪視，頗爲完好，而再度重臨，已非昔比，或竟不復存在炎。此種情形，思之至深悅惜。倘望貴會等能注意及此，

歐，能保存東方固有建築藝術者，殊屬希靚。而本人歷盡內地各處，見歷史上有名之古代建築，及具有價值未

— 60 —

努力保存，努力演化，積極提倡，發揚光大，俾此東方建築之一線曙光，得以廣續云。至九時許攝影盡歡而散。聞沈氏於本年年底即可歸國，出國期間，局務由薛次莘科長暫代云。

本會常委杜彥耿等
赴北平考察宮殿建築
蒐集研究材料將於本刊發表

北平義為我國京師，宮殿建築，喬皇典麗，卽民間屋宇，亦富東方色彩，均具有藝術上之價値。本會月刊部鑒於我國近代與歐美通商以還，建築工程竟趨西化，固有之色彩旣喪失殆盡，因需用舶來材料而金僾外溢，更不可勝計。用擬提倡東方建築藝術，特推本會常委杜彥耿曁葛宏夫劉家墅杜駿熊四君，於五月十日邁赴北平，參觀故宮建築，蒐集研究資料，俾我壯麗輝煌之宮殿建築，參以經濟適用之歐美方法，而推行現代化經濟化合用之新式建築。現杜彥耿君卽將由平返滬，攜有大批材料，俟整理就緒後，當於本刊陸續發表。劉家墅杜駿熊二君則常川駐平，繼續蒐集工作云。

本會二屆徵求會近訊
本會第二屆徵求會員大會，籌備情形，曾送誌本刊，大會業於五月一日開始舉行。由總隊長陶桂林江長庚謝秉衡陸以銘等四君，怦率領各隊長分頭徵求，並由總參謀湯景賢總幹事杜彥耿二君負責主持。進行願為順利，成績尚佳，截止目前，各隊繳到分數已不少；現各隊正在積極徵求中，諒不難超出預定目標也。

建築銀行積極籌備中

建築銀行為本市建築界暨金融界人士所發起，設籌備處於上海市建築協會內。籌備主任為湯景賢君，副主任李軼侔君，總務組股之唐靜僧二君，財務組陳松齡殷子與二君，文書組胡叔仁王希古二君，交際組羅紀洪君，並設服務組，籌備事務正積極進行中。該行股額定二百五十萬元云。

二卷五期的原稿又已編排就緒，在函電（電話）探詢，且都極珍貴。

的熱忱中，呈獻給讀者諸君。光陰過得這樣的快，編者對於編制的改進，不敢有絲毫的敷衍，總想每期都能有

些更滿意的收穫。

林同棪先生的「硬架式混凝土橋梁」一文，寄來了好久，因上期徵求會員的專著過多，所以移刊本期。林

最近幾期已把「封面」及「銅圖」加以改進。封面向用木道紙，但印刷銅圖不易清晰，所以從上期起改用了月份牌紙，印刷已見精美。雖則代價是增加了不少，但為了使讀者滿意起見，我們願意負担這犧牲。

先生的大作，慶載本刊！無煩編者在此喋喋。文前硬架橋梁攝影十二幀，是林先生遊美時所攝的。本文的價值請大家去評估罷！在讀者諸君當已有充分的認識。

建築物及工程進行中的攝影，可使讀者獲得實際上的閱歷。最近數期，已從漢方面力謀改善，銅圖因此儘盤的增刊；同時於「進行中的建築」等插圖，監督製版公司與印刷所等注意工作，已更見優美。至於各種插圖的說明，必於簡短的註釋中表示銅圖的內容，不敢賣弄文靈，使讀者如墮霧中，而生厭賦。

「建築辭典」及「工程估價」二長篇，本期起已繼刊。

本會為搜集北平宮殿建築研究資料，曾於月前推派常委杜彥耿君等赴平參觀，已築得大批照相，將於下期起陸續發表。查北平建築，最富東方色彩，本刊擬加以改良，倸適合時代需要。以後研究工作，亦當於本刊露佈。

本期內容，根據前面的主張，於插圖的量與質特別的豐富。所刊材料，決不僅僅供人作茶餘酒後的消遣欣賞，而於工程學說上作有價值的貢獻。如南京主席公邸和中央農業實驗所，都是別具風格的。

「進行中的建築」欄，本期發表了五處工程的攝影

預 定

全年	十二冊	大洋伍元
郵費	本埠每冊二分,全年二角四分;外埠每冊五分,全年六角;國外另定	
優待	同時定閱二份以上者,定費九折計算。	

建 築 月 刊

第二卷·第五號

中華民國二十三年五月份出版

編輯者　上 海 市 建 築 協 會
　　　　南 京 路 大 陸 商 場

發行者　上 海 市 建 築 協 會
　　　　南 京 路 大 陸 商 場

電話　九二〇九

印刷者　新 光 印 書 館
　　　　上海聖母院路聖達里三一號

電話　七四六三五

版權所有 • 不准轉載

投 稿 簡 章

1. 本刊所列各門,皆歡迎投稿。翻譯創作均可,文言白話不拘。須加新式標點符號。譯作附寄原文,如原文不便附寄,應詳細註明原文書名,出版時日地點。
2. 一經揭載,贈閱本刊或酌酬現金,撰文每千字一元至五元,譯文每千字半元至三元。重要著作特別優待。投稿人卻酬者聽。
3. 來稿本刊編輯有權增刪,不願增刪者,須先聲明。
4. 來稿概不退還,預先聲明者不在此例,惟須附足寄還之郵費。
5. 抄襲之作,取消酬贈。
6. 稿寄上海南京路大陸商場六二〇號本刊編輯部。

22219

22220

研討實業問題的基本要籍

實業界一致推重 商業月報

商業月報於民國十年創刊迄今已十有三年資望深久內容豐富討論實際印刷精良致銷數鉅萬縱橫國內外故爲實業界一致推重認爲討論實業問題刊物中最進步之雜誌解決並推進中國實業問題之唯一贊助

實業界現狀解決中國實業問題請讀「商業月報」應立即訂閱

君如欲發展本身業務瞭解國內外

全年十二冊　報費國內三元　（郵費在內）
　　　　　　　　　　國外五元

出版者　上海市商會商業月報社
地址　上海天后宮橋　電話四〇一二六號

22221

22222

本廠最近承造之中區銀行大廈

久記營造廠

事務所　上海圓明園路一六九號

廠　設　上海南市機廠街二一七號

電話 { 三九二〇七二六五

本廠專造碼頭棧房鐵道橋樑以及一切鋼骨大小水泥工程

SPECIALISTS IN

GODOWN, HARBOR, RAILWAY, BRIDGE, REINFORCED

CONCRETE AND GENERAL CONSTRUCTION WORKS.

THE KOW KEE CONSTRUCTION CO.

Town office: 169 Yuen Ming Yuen Road.

Factory: 217 Machinery Street, Nantao.

TELEPHONE { 19176
22025

22225

22226

如欲
徵詢
請函
本會服務部

本會服務部爲便利同業與
讀者起見，特接受徵詢，凡
有關建築材料，建築場之工
具，以及運用於營造需用於
一切最新出品等問題，請附
由本部解答或效勞者，當即答覆信郵。〔此項
填寄後表，請附覆信郵資〕
均用函覆，本欄擇尤刊載。
服務，基於本會謀公衆福
利之初衷，純係義務爲
務性質，不需任何
費用，敬希台詧爲
荷。

上海市
建築協
會服務
部

么泰美記營造廠

電話五一四二五

上海華德路二九一衖二七號

計設司公產地金普…………窩公路班呂之造承近最廠本

本	一	建	工	辦	如	竭
廠	切	築	作	事	蒙	誠
承	大	工	迅	認	賜	歡
造	小	程	捷	眞	顧	迎

KOW TAI

GENERAL BUILDING CONTRACTOR

House No. JG 27, Lane 291. Ward Road, Shanghai.

Tel. 51425

英商吉星洋行

建築上之用

各種油漆及凡立水

偉大之建築。內部之壯觀。仰油漆之裝璜者。十居其九。惟欲求良佳成績。則須採用適當油漆。此點建築界恆視爲極重要之問題。

敝行爲世界最大油漆製造廠。凡建築上所用之油漆，碰漆，水牆粉，木光油，凡立水，以及各種理想中之新式油漆。莫不經驗宏富。研究精到。可稱並世無匹。凡此種種材料。分爲次第等級。便於選擇。價格低廉。無論數量多寡。承囑通知。立即發奉。請察下列種種用法！

刷法　流法　浸法　滾法　噴法　乾法

敝行之研究化驗室。實爲建築界解決種種特別油漆問題。不一而足。此種隨事應付之能力。隨時可以爲君服務。請卽將君之困難問題寄至下列地址。以便研究奉覆也。

英商吉星洋行油漆服務部

上海九江路六號　電話一六〇一二至三

香港——上海——天津

THE BUILDER

建築月刊

VOL. 2 NO. 6

第二卷　第六期

居安行易

上海市建築協會

業建信

22234

22235

22236

22237

22238

22239

22240

22241

22242

22245

建築月刊 第二卷第六號

民國二十三年六月份出版

目錄

插圖

上海青島路派克路口建築中之市房 …………………二

上海西區計擬中之一公寓 …………………………三

建築中之上海地豐路懿德公寓攝影 ………………四

懿德公寓平面圖 ……………………………………五—六

譯著

用克勞氏法計算次應力 …………… 林同棪 ……七—一四

水泥爆炸樁 ………………………… 雨田 ………一四

新中國建築之商榷 ………………… 過元熙 ……一五—二二

蘇俄造橋實況 ……………………… 漸 ……二三—二六

THE BUILDER

JUNE 1934 Vol. 2 No.6

LEADING CONTENTS

ILLUSTRATIONS

Hongs and Shops on Tsingtao and Park Roads, Shanghai.

Proposed Apartment Building in the Western District, Shanghai.

Yue Tuck Apartments, Tifeng Road, Shanghai.

ARTICLES

Secondary Stress Analyzed by the Cross' Method   By T. Y. Lin

New Chinese Architecture
                    By Yuen-Hsi Kuo

Bridge-Building Practices in the U. S. S. R.   By N. K. Doo

First All-Welded Highway Bridge in England Recently Completed
                    By N.K. Doo

Concrete Cantilever Roof Shelter Grandstand   By N. K. Doo

Building Terms in English and Chinese

Contractors and Courts

Cost of Building Materials

Residential Houses

Architects' and Builders' Inquiry Bureau

S. B. A. News

Report of the Northern Trip

最近完成之英國第一條用電焊融合之公路橋樑 ……………………… 新……二七

看台上之鋼筋水泥懸挑屋頂 ……………………… 新……二八

建築辭典（續） ……………………… 二九—三九

營造與法院 ……………………… 二九—三九

經濟住宅 ……………………… 四〇—四八

建築材料價目表 ……………………… 五三—五六

問答 ……………………… 五七

會務 ……………………… 五八

北行報告 ……………………… 五九—六二

22248

廣告索引

大中磚瓦公司
英商茂隆有限公司
顧臣洋行通用油漆公司
正基建築工業補習學校
開灤礦務局
中華鐵工廠
馥記營造廠
合作五金公司
比國鋼業聯合社
森記營造廠
中國石公司
新成鋼管製造公司
康門五金廠
元豐公司
瑞昌銅鉄五金工廠
茂和公司

大來洋行木部
茂昌焴記鋼鐵工廠
開山礦磚公司
公勤鐵廠
上海信孚油漆製罐公司
滋豐藝術公司
美和洋行
祥泰木行
華生電氣製造廠
焱泰鋼鐵翻砂廠
美和公司
怡昌泰營造廠
中國造木公司
久泰錦記營造廠
遠東雲石公司

雅禮製造廠
華興機器公司
張德興電料行
謙信機器公司
華懋鋼窗廠
合豐行
華德磁泡公司
新懋製造廠
久記營造廠
安記營造廠
新仁記營造廠
大美地板公司
周鴻興營造廠
英豐洋行
中國製釘公司
吉星洋行

22249

Hongs & Shops on Tsingtao & Park Roads, Shanghai.
上海青島路派克路口建築中之市房

Davies, Brooke & Gran, Architects,
Sun Kee, General Building Contractors.
新瑞和洋行設計
森記營造廠承造

— 2 —

22250

Proposed Apartment Building in the Western District, Shanghai.

H. J. Hajek, B. A. M. A. & A. S., Architect.

22251

建築中之懿德公寓正面攝影

Front View of the Yue Tuck Apartments, Tifeng Road, Construction Work in Process.

Davies, Brooke & Gran, Architects.

Sing Hop Kee, Contractors.

懿德公寓背影

新瑞和洋行設計
新合記營造廠承造

View Taken From the Rear of the Yue Tuck Apartments, Tifeng Road, Construction Work in Process.

—— 4 ——

22252

LAY OUT OF COLUMNS

GROUND FLOOR PLAN
地层平面图

上海地豐路慈德公寓

Yue Tuck Apartments, Tifeng Road, Shanghai.

ROOF PLAN 房頂平面圖

TYPICAL FLOOR PLAN 標準房屋平面圖

Yue Tuck Apartments, Tifeng Road, Shanghai.

上海地豐路懿德公寓

— 6 —

22254

用克勞氏法計算次應力

林 同 棪

（一） 緒 論

橋梁桁架（Truss）中次應力（註一）之計算，早成構造工程界之一大問題。平常鉚釘橋架，其次應力之存在，毫無疑義。特以計算繁難，故非在極重要之建築，多置之不理。按尋常鋼架設計，其准許應力（16000帋/口"）只爲其彈性限（32000※/口"）之一半。其所餘之16000帋/口"，中有三分之一係爲次應力而留下者。蓋尋常橋架之次應力，多未能超過此數；留此以爲準備，頗覺安穩也。雖然，橋架各桿件之次應力各不同，且因橋架之形式，桿件之大小而變遷；今者乃劃一之，甚不合科學設計之原則。徒以計算困難而爲此不得已之辦法耳。

跨度較長之橋梁，在美國多用栓釘聯接（Pin-connected）以減少其次應力。此種栓釘橋梁，其弊病顏多，每有不及鉚釘橋梁者。且將來電銲進步，電銲橋梁之次應力，似更不可忽略。故爲求橋梁設計之進步，對於其次應力之計算及應付之辦法，實大有研究之餘地。

美國鐵路工程協會之尋常橋梁規範書在1923年有下列一條：——

"若桿件在橋梁平面上之寬度，小於其長度之十分一，則此桿件之次應力，恆可不必計算。如其次應力過於其原應力（Primary stress）之三分一，則當將兩種應力合併計算，其准許應力，可較尋常增加三分一。………… "

其1934年之新規範云：——

"如拉力桿件之次應力過4000帋/口"，或壓力桿件之次應力過4000帋/口"，則其所超出之部分，應照原應力設計之。

以上兩條，係指尋常之橋梁而言，至於較大之橋梁，更當特別注意矣。

首先計算次應力者，爲德國孟德垃（Mınderla）。其論文發表於1880年之德國建築刊物中。此後次應力漸受工程界之注意，研究之者漸多。我國茅君以昇亦曾創造一計算法，爲其博士論文，發表於Carnegie Institute of Technology, 1919。積至今日，計算法愈多，亦各有其長短。（註二）而獨以克勞氏法最爲簡便。本文卽介紹其用法，並舉例以明之。

（二）何謂次應力？

設計桁架之目的，在使每桿件只承受直接應力，而不受撓曲應力。蓋如此則設計較易而材料較省。然實際上因各種關係，各桿件不得不同時承受撓曲應力。惟在尋常之桁架，此項撓曲應力，

（註一） 本文所云次應力，係單指因交點牢固而發生者。

（註二） 參看 Von Abo, "Secondary Stresses in Bridges", Transactions, A. S. C. E. 1925。

恆不計算之。鉚釘橋架撓曲應力之最大原因，厥為因交點牢固所生之次應力。其數量甚有大於原應力者焉。

鉚釘橋架亦可謂為連架之一種。尋常連架之主要應力為其撓曲應力。故應先計算其撓曲動率，然後計算其直接應力及剪力。至於直接應力及剪力所生之撓度與動率，我們卻不之計。鉚釘橋架之主要應力，為其直接應力。故應先計此而後計因此所生之撓度與動率。至於撓度與動率所生之變形及直接應力，其影響甚微，我們可不計之。然嚴格而言，則各項應力，須同時算求，方可得一極正確之得數。

次應力之發生可用以下眼光觀察之。先假設各交點均係栓釘聯接，橋架受重，各桿件因而伸縮，各交點地位變更如第一圖。將各交點釘在此種地位而加動率於各桿件之兩端使各端之坡度均等於零，如第二圖。此項動率，顯為各桿件因撓度所生之定端動率。此時各桿件在交點之相對角度，與實際情形相同。再用克勞氏法分配之，漸次放鬆各交點之不平動率以求各桿端之真動率。

（三）假　設

用克勞氏法計算次應力，其得數當與用坡度撓度法相同。其重要假設，在尋常應力計算法之外者，有下列各項：——

(1)因撓曲動率所生之直接應力及撓度，均可不計。

(2)各桿件之楕動率，可不計其所受鉚釘與聯接板(Gusset plates)之影響。

(3)各桿件在交點之相對角度，不因載重而變更。

以上各假設，其影響於得數甚微，多不過百分之二，三而已。

（四）計算之步驟

(1)算求橋架各桿件因載重所生之伸縮度。

(2)求橋架各桿件兩端之相對撓度。

(3)求各桿件因此撓度所生之定端動率。

(4)用克勞氏法分配之，以求各端之真正動率。

第 一 圖

第 二 圖

（五）簡化克勞氏法

普通應用克勞氏法分配動率時，係將分配(Distributing)與移動(Carrying-over)分爲兩步工作。先將各交點動率分配一次，再移動之。移動畢又再分配；分配畢又再移動。今者設將分配與移動兩種工作同時舉行：每放鬆一交點，立將各桿件所分得之動率移至其遠端。如此則各交點放鬆之次序可隨意先後之。每一動率，被分配而移動後，可用符號記之；則凡無符號之動率，皆在待分配之列。再者，每放鬆一點，各桿件所分得之動率，可不必寫出，只將各遠端所移動得之動率寫出。待分配移動完畢，再將各交點桿端動率，全數加起，作一次之分配。此種寫法，更備於尋常克勞氏法，可在本文例中看出。

（六）實 例

爲便於明瞭起見，下例各桿件之大小及載重之數量，均係任意假設者。設橋架及載重如第三圖，其各桿件之長度"L"，截面積"A"，惰動率"I"，及自重心線至最外線之距離"C"，均如第一表。

第 三 圖

第 一 表

—— 9 ——

22257

桿件	總面積	淨面積	慣動率	長度	C'	應 力	$\frac{S}{E}\frac{L}{A}$
	A in.²	A'in²	I in.⁴	L in.	in	S 斤	(E＝1)
ab	12		90	216	4	—2400	43,200
AB	8	6	40	216	3	＋1200	32,400
BC	8	6	40	216	3	＋1650	44,600
Aa	10		80	180	4	—2000	36,000
Ba	9	7	50	180	3	＋2000	40,000
Bb	9	7	50	180	3	＋1250	25,000
Cb	10		80	180	4	—2750	49,500

（1）算各桿件之伸縮量 $\frac{SL}{EA}$ ，列於第一表。

（2）畫 Willot Diagram（註三）威立奧圖如第四圖中實線所示者。此圖係以A點為起點，而設A B桿件之方向不變。量得各桿件兩端與該桿件垂直之相對撓度，D_I，列於第二表。（注意：Mohr Rotation Diagram.莫氏圖可無須畫出 。蓋無論有無莫氏圖，各交點放鬆後之架形當完全相等。為 證明此點起見，本例將莫氏圖用虛線畫出於第四圖 ，再求各桿件之相對撓度 D_{II} 列於第二表。後亦 用克勞氏法分配之。所得之次應力動率，與無莫氏圖者果相同。故計算者，可無須求 D_{II} 也。）第二 表中之箭頭，係表示 D_I 或 D_{II} 方向。

(3)算各桿件之定端動率，列於第二表。此項定端動率F可用以下公式求出，

$$F=6\frac{EI}{L}\frac{D}{L}=\frac{6EID}{L^2}=6K\frac{D}{L},\left(E=1,\ K=\frac{I}{L}\right)$$

（4）在每交點各桿端寫出其K'C。（第五圖）例如A點，桿端AB之K'＝ $\frac{0.185}{0.185+.445}$ ＝0.294，其移 動數C＝ $\frac{1}{2}$ ；K'C＝0.147。

（註三） 參看 Johnson, "Modern Framed structures", Part 1, Chapter on deflections.

第 四 圖

比例尺： 1公分＝20,000

第 二 表

桿件	硬度K	長度L	D_I	F_I	D_{II}	F_{II}
ab	0.427	216	−132000	+1530	−24.700	− 286
AB	0.185	216	O	O	−156,700	+ 806

BC	0.185	216	↗313,500	+1610	↘156,700	—806
Aa	0.445	180	↘32,000	+475	↗98,500	—1462
Ba	0.278	180	↘69,000	+639	↘61,500	—570
Bb	0.278	180	→172,500	+1600	↘42,000	+389
Cb	0.445	180	↘248,300	+3682	↘117,800	+1747

(5)將各桿端之F_1寫於第五圖而分配之。本例以b點之不平動率爲最大，故由該點分起。b點之不平動率爲，

$$+1530+1600+3682=6812$$

將此數變號，乘以K'C而移之於各遠端，ab之a端得，

$$-0.183 \times 6812 = -1247$$

bB之B端得，

$$-0.122 \times 6812 = -832$$

bC之C端得，

$$-0.195 \times 6812 = -1330$$

b點之各動率，旣已被放鬆而移動，可將此三動率用符號記之，以示其已被放鬆，

第二放鬆C點，此時C點之不平動率爲，

$$-1330+3682+1610=+3962$$

將此數變號，乘以0.353而移之於Cb之b端，乘以0.147而移之於 BC 之B端，故各得—1397及—582。

如此繼續放鬆各點，其放鬆之次序如下：——

b, C, B, a, b, a, A, C, B, b, a, C, B, A, b, a。

總共放鬆只十六次，而移動動率已化至極小。此時再將各交點之總動率加起而分配之。例如，A點，

Aa之動率爲　　　+199
AB之動率爲　　　—250
A點之不平動率爲　　—51

此不平動率，Aa應得$+51 \times K' = +51 \times 0.706 = +36$,AB應得$+51 \times K' = +15$。故AB之A端眞動率爲$—250+15=—235$；Aa之A端眞動率爲$+199+36=+235$。其他各點，亦當照辦，以求各桿端之眞動率，如第五圖。

第六圖係以$D_{II}F_{II}$算得者，其放鬆之次序如下：——C, A, a, b, C, A, a, b, B, A, a, b, C, B, A, a, b。此圖所得之得數，顯與第五圖相同，證明莫氏圖之可不必用。

(6)旣得各桿端之動率，則其次應力可算出：——

第五圖

第六圖

$$=f \frac{Mc}{I}$$

故桿件AB之A端次應方爲，

$$f_{AB} = \frac{-235 \times 3}{40} = 17.6 \text{（上面受壓力。）}$$

— 13 —

22261

$$f_{BA} = \frac{-493\times3}{40} = 37.0 \text{（上面受壓力。）}$$

餘可照算。

（七）結　論

因次應力勳率所生之直接應力，可用尋常力學算出。又如載重不在交點，而在桿件之上；則可算出該桿端因此載重所生之定端勳率而分配之。克勞氏法之應用無窮，於此可見一斑。

水泥爆炸椿

雨田

較近科學昌明，凡百事物，無一非利用科學以改良者。即以建築而論，日在改良進程之中。滬地高樓巨廈，接踵而起，巍然矗立，高出雲霄。然其重量雖大，而能壓久不傾者，乃因屋基之堅固耳！以此觀之，屋基之在建築地位中，實佔首要者也！

通常房屋，均用灰漿三合土為基。但泥土鬆散，或房屋重量逾鉅，則須先打入長椿若干，均分房屋全部之重量，方可支持。近來滬上較大建築，其椿子均用水泥。或先搗後用；或用圓鋼管打入泥中，內紮鋼條，然後澆以混合水泥，取出鋼管，使水泥凝結。如是，其負重量可較大於木椿，且不易腐爛。然其法終莫善於爆炸椿耳。

所謂爆炸椿者，其法先以鋼管，內置木椿一根。下套一尖形鋼壳，使入地較易。木椿上置一鋼蓋，俾於受擊時不致損傷。於是用打椿機打入地中，取去木椿，在鋼管底放一爆裂器，內置炸藥，復通一鉛皮電線。此時鋼管，可用起重機拔起二三尺，——其下端之尖形鋼壳，此時已脫離鋼管，留存於下矣。——傾以水泥，使與鋼管下端相齊，然後用電流爆發炸藥。其鋼管下之泥土，依其鬆堅之程度，向四下擴開，略作橢圓形，而上面水泥，亦隨之而下。加之因炸藥性燥，多能吸收水份，故在爆裂時即能將上面水泥下吸也。此時須察下面容量大小如何，加入相當水泥，另加鋼管隨拔，水泥隨澆，迨鋼管全部拔出，則成一橢圓形底之椿。如於椿之中段，復用上述炸法，使之作一中段之凸出，則椿之負重力更大矣。

新中國建築之商榷

建築工程師過元熙

屋宇之使命，在供人居住製造經營事業之用，所以保護生命，增益社會者也。苟民衆無住屋以安居，何能蔽風雨逃暑日，而保護其生命；工商事業無屋宇以經營，何能作交易製造而謀產銷，以及工商各業之盛衰，而為人生之要素也。

我國古今建築

我國自黃帝發明宮室以來，雖已有數千年之遞嬗，然於建築營造之方式，相因成習，改進殊少，所較可注意者，僅宮殿與廟宇而已。古代民智淺陋，宗教之勢力極大，迷信之徒不惜盡其財力以構建廟宇，故宮殿廟宇建築，特別發展，而於民衆社會有密切關係之一般建築，反無改進，試觀現代中國式之住宅與明代以前之住宅相差能有幾何？殊非社會人士所希望者也。至於能適應近代工商業所需之建築方式，更視歐美而望塵莫及，影響實業之前途，又寧有涯涘哉！

歐美近代建築

近代歐美各國，科學實業之發達，一日千里。各種建築方法，亦進步極速，應用科學衛生之新發明，改良設計營造，增居住屋者之樂趣，（按去年美芝加哥萬國博覽會中，專有各種近代住屋成績之陳列，均用新法營造，房屋之用料，設備俱全。而其營造費則較舊式者反減省過半。往昔蕭費一萬元者，今則四千元左右，卽能造成矣。此等成績，甚可注意而研究者也。）其效果甚著，我國亟宜效法焉。所謂效法，應及國內土地氣候風俗文化之情形，否則，亦不能減省營造等費用，難得適用之結果。如年來都市建築雖已競趨西化，旣未見若何之成績，反因採用舶來材料而增加巨大漏巵，此又不可不注意也。

避者頗有人注意中國式房屋，亦欲應用中國式樣於公私建築，然往往以中國舊式房屋之不合時用又不經濟為憾事。且今日建築界中之提倡中國建築者，徒從事於皮毛，將宮殿廟宇之式樣移諸公司廠店公寓，將古舊廟宇變為住宅，將佛塔改成貯水塔，而是否合宜，未加深慮，使社會人士對建築之觀念更迷惑不清。

美國芝加哥新式洋灰住宅之一

殘宮殿廟宇式建築之塔亭，於西式公司廠店之上，且，殊屬不倫。

社會需要變遷

丁茲科學倡明時代，實業工商日形發達，文化教育漸趨普及，故近代新奧建築物，如工廠，學校，公園，電影場，體育場，輪船碼頭，以及各種新式公私屋宇，均非昔日所有；應用之洋灰水泥，鐵筋玻璃，電燈等設備器具，尤為曩所未聞。蓋往昔之皇宮廟宇，實塔住宅，已不能滿足時代之需要也。宮殿蔷築，堂皇奢華，以屋頂為皇冠之表號，尤加裝飾；對於營造之經濟適用，則不計焉。所可取者，為地盤之佈置有方，北平宮殿即其例也。至廟宇建築，則大牢黑暗無光，神座牢罔，充滿神祕之意味，不宜作住宅或營業工廠之用。

住宅之應改善

西式里界住宅

至於舊式住宅，則地鋪土磚，陰濕極點。高頂橡屋，光線不足。夏暑無通風之方法，冬寒無使暖之器具，均為病疫之原，而牀椅桌橙，均不顧安適。至若廚廁水火之衛生設備，則更置之度外矣。況里街房屋，擠連如牢。六尺之街，既不易通氣，逢瘟疫火災發生，則更難防患挽救；房租則每月需

城市不良現象

，費高昂，加之各種捐稅負擔，殊非居住者之幸福。

中式普通住宅之情形

— 16 —

現在街市情形之一

現在街市情形之二

建築之新工作

興建大批公寓新村，以利大衆。此種公寓新村，集居四五家至七八十家，各有五六間房屋。並共有廚房，飯廳，遊藝場，花園，機器洗衣所，冷熱水汽貫通機關及公共汽車等，廚用集衆管理方法，及科學設計。以減少房租及一切耗費。而於公衆衛生，娛樂，智識等設備，均可顧及。此種公共住宅之設置，當由政府及市政機關等提倡之。興建時，聘專家代爲計劃，利用郊外空地，從事具體建設。若斯，則新村公寓之所在，交進隨需便利，工商各業，亦漸可發展。城市之百弊，庶幾全歸消滅。

我國城市都會，民衆大牢集村居而成市邑，市邑發達而成都市，故街道陝狹，巷術縱橫，公廁林立，便溺隨意，旣礙觀瞻，又妨衛生。通商大埠，普通住宅十數口擁擠而居，空氣汚穢，叫囂吵鬧，高大之營業市房，則接肩而立，阻蔽陽光。若斯情形，最宜改良，改良須有具體之澈底計劃，作者特提出新中國建築之商榷。

22265

德國公衆工寓之所能計，能順低能建達民衆生活之

事務院之設計

　　通商巨埠，因商務繁盛，地價昂貴，故今之營屋者，多建高層樓房，接連成林，以致交通，陽光，空氣，均受影響，而無普及流通之機會。樓房亦暗黑如籠，且房間佈置失宜。故往往有驕溢樓房，不能得顧客滿意而出租者。市政當局或同樓橋關，當規定章程，限制樓房之營造而積，以爲現在之補救與將來之發展。例如樓房營造面積，只准佔地繞而積四分之一，可種樹木，或作進門通道之用。樓房高度過四十尺以上者，當後退合營造面積之五分之一。高度百尺以上，則再退營造面積五分之一。如此類推，則公司樓房成階級形，陽光空氣自能普及。樓房之式樣，亦易佈遁。設計用材方面，全在建築營造者之匠心巧思，若能應用科學營造之方法，盡量發揮，則形式既美觀，造費亦經濟矣。無論何積房屋，簡省康德之活，及安測。固莫不如是也。

22266

公司樓房高度及面積之分配圖

甲、高度四十尺以下佔地面積四分之三

乙、高一百四十尺以內佔地面積三分之一

丙、高言四十尺以上佔地面積四分之一

圍帆布，作日光洗浴之場。營造材料多用土產，以求經濟。如此建設，庶幾簡單而合理可高。並

過元熙工程建築師　計稿

住宅之新設備

普通住宅及私人寓所之各部份，如廚房飯廳客廳等，應如公寓有規定之尺寸，使合用而減少營造等費。其重要諸素：如臥室飯廳等宜向南，以受充分日光。室內須能開窗使南北通風。亦當有壁爐，於嚴冬春初時，可以取暖。

室外四圍關花園，備自然之風景，廚房役室，雖應與上房接近，惟須臨開。僕役問題，爲業主之難題，故房屋設計宜從應用之方便着想，使減少僕役之需要。熱帶地方之住宅，宜多築平台露台，四面開窗。寒帶地方，北牆宜少開窗，向南則當有陽台等以取暖。

屋頂可開，台閣種植花卉，爲宴客談敘之所，並可高。

美國帆特建築工程師之住宅
該圍全用土產水山形影之佛造，飄爲別緻。

— 19 —

22267

新中國式建築營造生路之某礎，乃所謂科學營造之方法，卽應用科學利器及新出建築各材料，以建造房屋。藉此減少材料人工時間之耗費，而增進衛生之要素。再研究物料之本性，而適當施用發揮之。譬如鋼鐵洋灰五金玻璃，各有特性，不應用以做造木石或舊泥。木石亦不能互相調用，致失其真象。余每見今之做製古代拱斗椽木者，應用洋灰鐵筋。又見高大樓房，內部有鐵骨鋼柱，已能抵全部樓房之重壓，而外面再重蓋磚石，以作表面之修飾。此則非惟耗費材料，抑且不合工程之原理也。

江灣道上
路道
整潔之典型

今日之牆壁，可用三合土鐵筋夾板銅片玻璃砌做，薄至六寸。牆內有流通空氣之裝證，使冬夏間傳絕冷熱。地板用混凝土，以除去潮濕。至於工程之進行，則窗門牆板，均可先在工廠做就，運場裝置。公寓及住房，則全部均可先在工廠中做就，到場集合裝造。各部尺寸，如廚房客廳等等，均須有一定之開關，以求最實用經濟。設計方面，則首當注重衛生，二當注重經濟適用，三當自出心裁。

歐美都市計劃

市鎮都會，爲民衆集居之地，當有一定之計劃，以謀將來人口工商各業之擴張，爲有循序之進步，並可省去無量之耗費也。對於地盤利之管理分配限制，及河港街道電力通水溝渠公園公衆場所之設計，尤常盡量隨地理山河之形勢而建設。各種建築應分類而集居，如實業工廠，須近河港鐵路交通便利之域，而集居一處，以減輕煙霧毒氣之四播。住宅公寓，則與圖書館博物動物院醫院公衆遊戲場等，分居同處，宜於郊外幽靜清潔之處。住宅區與營造工作之地，須建大道直貫，可利用公共汽車相往來。各種商店營業所宜同行集處，可造大樓以容同一性質之營業機關，以謀顧主貿易之便利。全城最少而積之牟，當開

22268

美國新市鎮發展計劃之一

（注意於研究，南端，住區，公園，遊戲場及學校之佈置。）

關公園，栽種花卉及樹木。餘則造合量較高之樓房，以得相等之實用面積。譬如面積十萬方尺，普通造二層房屋；今用五萬方尺，開闢公園，而將全體房屋，改造四層樓房。則以實用地面而論，毫無犧牲。以營造費用而論，則反能減省。以衛生及美觀而論，則遠勝其他方法。英美各城村之實行此種城市計劃，而得滿意成功者，已非一處。至於城市之交通大道，猶如吾人之血脈，須流通無阻，方能發育。大道之旁，須滿種樹木，收吸塵烟。門戶之前，築行人道。電車及慢行車輛，分沿街旁行駛；速行車輛，來往中道。植樹以分隔之。此種計劃，均為將來工商發達之遠謀，未可輕視也。城市無論大小，當設工務機關，以提倡新式營造及公衆衛生事務，直接歸省政府及國府實業部管轄之。

及時合力推進

我國新進人才濟濟，為家國服務，大有作為。且現在國民自動自治之能力漸強，對於房屋均有革新之主張，如首都之蘭園住宅區，新村及河北之模範村等，均在進行試驗。可見時機已臨，不可再待。宜積極工作，而排除消極或不切實際之空談批評。此全在我領袖新進人才之合力提倡也。倘業主而提倡營造新中國式房屋，我建築同志而能廢止抄襲西洋式或古舊不合實用之建築方法，則二三年間，必有顯著之成績，以裨我國民族之健康，及輔佐工商業之發達，未可限量也。

22270

蘇俄造橋實況

漸

譯者按：本文著者爲美國基督生工程師（C.L. Christensen。苏工程師近自俄歸，彼在俄三年，擔任蘇聯政府之鐵道橋梁與工場之顧問工程師。氏曾遍遊歐洲部分之蘇俄，考查各項工程，莫斯科爲其總辦事處。基君係爲一實驗豐富之造橋工程師；美國米歇根城（Michigan）之尼亞咖勒河（Niagara River）上之凌空鋼橋，亦爲氏手出之巨橋。

蘇俄因實業發達，故交通事業亦隨之擴展。鐵道之修築與增建，初不因工業材料，機械，及工程師等之缺乏而稍怠。造橋工作與交通尤有密切關係，故更積極建設。此正如我國（指美國）先人於半世紀之前從事路橋之建設，現在此種情境重現於今日之蘇俄。

雖然蘇俄之江面，大概比較早代美國着手者爲遼闊與淵深，故造橋工作之於蘇聯，必先籌劃精詳，謹慎從事；尤以機械缺乏及材料間題等，均須有深長之研討。標準圖樣亦增製規劃，但不只限於短跨越距離之鋼筋混凝土，石及木之橋梁，同時亦繪製長達五百五十尺之跨越橋梁。有救處新橋梁之建築，以代往昔之引渡，並於窮鄉僻壞之處亦構築新橋梁，以利交通。將日之橋梁加固，以便駛行更重之機車頭。造橋施工時之艱難情形，可於附圖中窺見其一班。

行政

造橋工程之於俄國，其行政組織一着美國大規模之鐵道組織相同。造橋圖樣無論巨細，均由鐵路工程部規劃繪製。工程部有權指擇及監督本部所屬之工人及器械，進行造橋工程，惟房屋建築與鋼架構造則不隸屬於工程部，係在鐵道部監督製造者。

在野外服役巨大橋工之職工，由一主任統制之。此人當具有主宰的天才與各種工程之學識。彼運器材料與器械，僱用工人並兼顧彼等之住宿與饍食諸問題。爲主任者並與鐵道部，港政部及市政機關，均發生聯絡之關係。

派有一副工程師與工程職員及專門技士，以指揮智慧各異之工人。

此處已有主任爲之總持一切，故總工程師部須顧及構建之專門技術問題。彼於河之兩岸，各各處造橋之主任及總工程師，應將報告呈報於斯科聯邦鐵道橋工部總辦；網辦更須呈報人民交通委員會所需之新鐵道建設總裁。

當一新橋完竣後，須由經常工程師視察接收，並擔任自波蘭邊境直至太平洋沿岸橋梁往後之

22271

俄之行政組織，更包含一工程科學部及其他支部，分組研討工程學術。

在野外建造橋梁，自有此項人員研究材料之採用與新的方法之設計，檢橋並試驗新舊橋梁之傾斜及重壓力量。在此工程研究會各部與其他部份聯合開會討論，以冀有新的發現，而雙方均蒙受其益。

工程師

俄籍工程師多係於大戰之前畢業者，具具學理，而昧於經驗。有數人實不足以當茲重任，覺亦勉強工作。加之材料缺乏，工廠設備及工程器械不良，故其困難自屬更不可避免。放大詳圖之繪製，有時殊屬拙劣。推其原由，蓋因學理與實際間常存一種缺憾，而此缺憾至今仍未能彌補。

此輩青年工程師之年齡，大約自二十五歲至三十五歲不等，曾受高深專門秋育，而大多數俱係學生，在茲智練，以求實驗。彼等學業遠境殊覺迅速，並依此觀察，彼等必能於學說之外，更能修理或翻造之職務。

具有工場與野外之工作實驗。彼等對於世界工程事業之進展顯威興趣，對於美國工程師於構造工作實際閱歷，深感謝意，故美工程師自亦樂與為伍。

在工程師之辦事所，尚有多數女工程師，擔任計算與設計圖樣，此外蓋不只繪製圖樣，討論專門學術時，亦勇躍熱誠之一部分。女子亦有在野外工作者，如管理水坭試驗，或為副工程師，監督拌水坭與搗水坭之工作等。在野外工作，拌搗水坭一項於女子深為適合。女工程師攀登腳手架，指揮工人，毫無畏懼。此外並有擔任工場中之經量懷整機守者。

鋼橋

設計鋼橋圖樣之方法，與現代在美國者同，惟於鋼廠尚不能供給八寸方折角之工字鐵與H字鐵柱，此外養童相同。工廠尚不能與美國頭等造橋工廠相比擬，蓋工廠中之工程師與工人，尚未受得滿足訓練與管理智識。有時機件方經裝上，即須拆卸修理。已廢弛之陳舊方法尚在引用，船運起卸更不小心，橋建場所缺乏吊橋及起重機（俗稱歷不死）：一切的一切予鐵路管理者以種種困難。

者論工作上之缺點，其一部分原因係由於戰前高級工程師與野外及工場工作人員間缺少聯絡所至。工人之董忠職務與勤於工作自屬毫無疑義。曾記於一嚴寒之冬天，見一般鋼鐵工人在一鋼架之上，架疊側面鋼架重一千六百八十磅，竟徒手力拔，屑扛架置之。蓋此時吊車正忙於他處工作，而又苦無輕量吊攏以責應用也。

蘇俄用於建築工程之鋼，其質地與美國者同，矽鋼亦已採用，

22272

作為一切新建活動抽吊橋梁之梁材。

城經伏爾加(Volga)河，該處現正造成一巨橋。在薩拉拖夫(Saratof)區橋之式類常用鋼架跨越，懸拱及鋼拱。

斯屈羅麥(Kostroma)區域(Volga)河上一座懸拱之橋，長達一英里。中間開距約六百尺，已於三年前完成。(見第一插圖)

構築

蘇聯工程師深賞美國之一切新的發明。例如在鐵軌上推走之吊機，已能造鋼橋及擣水泥涵洞時採用之矣。卡闊尼省(Carquinez Straits Bridge)懸跨橋工之方法，亦經仿用。

採取新術不能即時實現者，因限於器械不備之故。有一般人之意見，咸以襲用人工舊法，較新法為妥，蓋因工人不諳新式機械之使用，要亦為其有力主張之一。玆姑舉例以證：當橋工進行時，河中船舶往來，初不能阻斷水上交通。故構合橋梁，試能於岸上行之，迨橋成後搬至橋墩放置。蘇俄有一標準方法，係架脚手與河岸成丁字形，即在脚手上構架橋梁。橋樑做成，即行車出，其方法係在脚手七面鋪以軌道，軌道上置多數實心圓鋼滾軸，滾軸上面又係軌條，釘於木塊上，木塊上面為託底板，板上便為橋樑。一根五百五十尺長之橋樑，曾費兩日夜之時間，從岸搬至橋墩放置。當搬運時，有多人專管圓鋼滾軸。此法雖屬費工費時，然終於不用者何機械設備而告成功，是即蘇俄最近造橋構架之情況也。

銲接

關於銲接，曾費多時之研究與試驗，並已造成數架銲接橋梁。

一座一百五十尺長之電銲橋梁，設於鐵路支線。另一同樣大之電銲梁正在計劃，擬建於鐵路幹線。對於彎力，扭轉力，撞擊力及反轉力等之試驗，結果大概滿意。電銲橋梁可減省鋼鐵數量，比較的經濟，且電銲者更可超越需要之力量。

試驗電銲接處，可橋一長一百五十尺之橋樑，用火車頭在上走動。茲將此橋之電銲接點舉下：主要材料力量，巨大足抗試驗效力。多數接頭用巨量鉚釘接合，一個接頭不用鉚釘，而用電銲，計算力量更較應力量減弱。此接縫處試驗力量失敗，橋梁下彎沉墊，略算最高沉墊轉度。

銲接處經試驗彎曲後，重行用起重機頂起，歸復原位，將接縫處用鉚釘釘合，再選別個接縫，用電銲藏行試驗。

其明證。

水坭建築

實業工廠之建造與鐵道鋼軌之需要，予鋼鐵廠以供不應求之忙迫。因之將此鐵道橋梁在可能範圍內，不得不改用水坭，以資關劑，藉可減少建設鋼鐵進口之噸位。數年之前，俄國絕少水坭工程師，但經數年之銳意研究，已養成精練人員，足以應付各種水坭工程。例如水坭部份曾築有一長四千六百尺之水坭環洞橋，(見第二圖)即其明證。

蘇俄有三種水坭，其中等者與美國之青水坭相同。礫頭砂(或稱石卵子)頗佳，並有數處岩石極佳，用機軋成石子，自屬擣水坭之良材。黃砂亦極細潔。水坭工程與美國略同，起初因用水坭較少，以致工作不良，現已改善，故水坭之成份與力量均佳，並不時在野外試驗室加以試驗。

22273

三鉸式之拱鐵，爲橋樑鋼骨水坭拱圈橋樑之壳子，極爲流行。渚蓋於一處工程完畢，即將壳子拆下，運往別處應用，此畢可節省木壳材料與人工之數極巨。

鋼骨水坭中之鋼條，其接法係用熱透電銲。電銲正加詳密之審驗。橋之跨越街道及鐵道者，係用標準法式，連架構造。

數年之前，公路橋面倘用木板或用碎石，面澆柏油或其他材料。現已易用美國方法，橋面係搭六寸厚水坭石硪，面澆柏油或其他材料。

鐵道水坭橋樑之橋面，亦用水坭澆搗。橋面搗成微坡，藉使雨水淸滬，不致停留。混拌水坭均用機器；著者旅俄三年，從未見水坭用手拌者。

用機器鋸刨木料之設備，現極需要。現在所鋸板片，仍以人工鋸解。一人立於地下，一人立於台上，往來拉鋸。因木工機械櫃組缺乏，故俄木匠手操快斧，馳騁全場，允推唯一利器。惟此種櫃組缺乏，當不難於最近之將來，加以改革，而趨現代化，似屬意料中之事。

木料建築

蘇俄產木極富。倮人對於木材建築具有深久之經驗，彼等更習知應用極簡單之器械，鑲接疑接。據此可知蘇俄在茲實業計劃極實行之時，其需用木材建造鐵路橋樑，自屬頗廣；同時以長木充實橋基，與美國同碌顏巨。

蘇俄現在所用之材料，其長度只二十二尺至二十八尺，故用作橋樑接頭殊多，耗工費料，誠屬不可避免之遺憾。然按明處之力弱，鬆覽及易於腐壞，尤爲極不滿之缺憾。考其木材於短之由，則因運輸貨車長不過三十尺，或覺短於卅尺，突將長料截短，以利車速，此種削足適履之弊，可無疑義。數年後定有改善可能也。

惟蘇俄自造極簡單之打椿機器，仍能於各處見之。關於春打斜坡底椿之椿機，蘇俄現尚無此設備。

底 基

蘇俄河牀係層積之砂礫與泥所形成，絕少岩石，有之亦極深下。泥沙之甚殊難工作，更不可忽。水線高下亦屬主要之點，三四月間之漲水與夏季時候之落水，必須小心考慮，謹慎從事。

築造深洞橋墩，係用氣壓挖掘法 (Pneumatic Caisson) 此法雖不經濟，然因現有機器之不足應付，故凡鋼骨水坭椿及木料長椿，均不能採用。低深之水箱墻工程，亦難從事，亦因無鋼板椿之設置，僅代用鉚釘鉚合之鐵板，則其力益不足，打至中途，易於撓曲，誠爲不能避免之事實。開口底椿 (Open Caisson) 做法已有數處成功，行見其將推行於將來各處工程也。

俄國之造橋工程，若既大體言之，尤稱滿意。其工程師與工人之智識技能，進步極速，設更予以新器械之佐助，則蘇俄不久對於造橋技術，將有重要之貢獻也。

最近完成之英國第一條用電銲融合之公路橋樑

漸

最近落成之英國新港(Newport)梯斯河(Tees River)五空連架建築大橋，全用電銲接成，在英國屬創見。新港係爲倫敦與東北鐵道之支線。此橋橫跨梯斯河面，因底基惡劣，故在施工時頗感困難。橋之連架分爲五座大梁，以電銲接合於支柱之處，同時橋面小梁，亦就地銲合。據本年四月份英國工程雜誌紀載，五大梁各有其不同之長度，在接合處預留伸漲之隙地，同時並使減輕壓力。第二與第四大梁支附於柱，第三梁則跨越中間涵洞，第一與第五梁則支於第二及第四梁之外端，及鋼筋水泥之橋墩。

此橋之橋柱係立於橋之平基之上，而橋基更臥於橫切面之鋼筋水泥基梁。基架支於十八英寸六角形長七十尺之鋼筋水泥橋樁。兩塊橋墩建於四尺穿心圓長七十尺之鋼筋水泥樁上。

設計該橋之工程師係Mott, & Hay Anderson, 承造者爲道門鋼廠。(Dorman, Long & Co.,Ltd.)

22275

看臺上之鋼筋水泥懸挑屋頂

漸

南美阿根廷拉伯勒太(La Plata)地方跑馬場，新近築一鋼筋水泥看臺，頗引起工程界之注意。蓋此水泥屋頂自一端挑出達四十四尺之巨，而中間無一支撐。此屋頂之面積長一三一尺，深六五尺。板厚三寸，近柱處厚七寸七分。板之形係屬長方；支於20″×43″懸挑之樑上。小梁每隔五尺，橫擱於懸挑大梁之上。全屋頂於四十二小時中體續澆搗，並不停歇。所用水泥係快燥水泥，其成分為一：二：三。屋面全屬整塊，中間並無伸漲縫條。

臺前看樓專供會中人員使用。兩端之塔儲有水箱，以供潔水，臺下闢有騎師室更衣室，及會董會議室與俱樂部等。

此項工程之設計者為 T.Marfott與 J. Szelagowski兩工程師。

「Road」路。

Road—level 地平線，泥皮線。構造房屋之標準點。

例如從泥皮線掘至底基，深若干尺；從泥皮線以上至地板面，高起若干尺。

Road machine 築路機。

Road maker 築路工。

Road man 管路人。

Road master 站長。火車每一站點之主管人。

Road oil 路油。一種如柏油之油，敷於路面，藉以減少灰塵。

Road roller 滾路機。

Road sign 路標。〔見圖〕

1. 交叉路
2. 念左轉彎
3. 火車
4. 念右轉彎
5. 危險

Road surveyor 督理路務者。

「Roman Architecture」羅馬式建築。

「Roof」屋頂。

Roof garden 屋頂花園。

Flat roof 平屋頂。

「Roofing」屋頂材料。

Galvanized iron roofing 瓦輪白鐵屋面。

Malthoid roofing 鷄牌牛毛毡屋面。

Roofing felt 屋頂牛毛毡。

Shingle roofing 片瓦屋面。

22277

Tile roofing. 瓦屋面。

「Room」室。

Assembly Room 會議室。
Ballroom 跳舞場。
Bar Room 酒吧間。
Bath-room 浴室。
Bed-room 臥室。
Billiard Room 彈子房。
Boiler Room 汽爐室。
Breakfast Room 早餐室。
Card Room 紙牌室。
Class-room 教室，課堂。
Cloak Room 衣帽室。
Club Room 俱樂部室。
Committe Room 委員室。
Consulting Room 診察室。
Dark room 暗室。
Delivery Room 輸送室。
Dining Room 餐室。
Drafting Room 製圖室。
Drawing Room 會客室，

Dressing Room 梳粧室。
Drying Room 烘房。
Dynamo. Room 發電室。
Engine. Room 引擎間。
Guard Room 守衛室。
Lecture Room 講堂。
Living Room 坐起室。
Lounging Room 休憩室。
Lunch Room 午餐室。
Maid's Room 下婢室。
Music Room 奏樂室。
Nurses' Room 看護婦室。
Operation Room 手術室。
Reading Room 讀書報室。
Reception Room 接待室。
Sitting Room 起居室。
Smoking Room 吸烟室。
Store Room 什物室。
Strong Room 庫房。
Sun Room 日光室。
Waiting Room 待候室。

『Ro.ace』 圓頂花。泥幔平頂中間之圓形花飾。〔見圖〕

『Rough』粗糙。

Rough arch 毛法圈，

Rough ashlar 毛石。

Rough Cast 毛石子，搨石子。塔面外層用石礫子搓成之石子牆面。

『Round』圓。

Round arch 圓法圈。

Round bar 圓鐵。

『Rubber』橡皮。

Rubber floor 橡皮氈地。

『Rubble』亂石牆，以亂石盋砌之牆。

『Rule』尺。權衡尺寸之器。

Metre rule 米突尺。

Plumb rule 托線板。繩準垂直之儀。〔見圖〕

Sliding rule 計算尺。工程師用以計算之器，〔見圖〕

Square rule 曲尺，矩。

『Rose』玫瑰花飾。柯蘭新式柱子花帽頭 (Corinthian Capital)，帽盤中間之花朵，或其他用此花作為裝飾者。

Rose Window 圓花窗。〔見圖〕

蘭姆斯教堂之圓花窗。蘭姆斯為法之古城，十三世紀時，法王加冕於此。

『Rotunda』圓亭。圓形之建築物，最顯著者為饅頂之結構。〔見圖〕

『Saddle』騎撐。〔解一〕暫時減少底腳之負重，用騎撐以支托撐板。〔見圖〕

〔解二〕薄板之貼着地板而撐於門框中間者。〔見圖〕

『Russo-Byzantine』羅松卑祥丁建築。〔見圖〕

莫斯科聖彼雪兒教堂。

『Rust』 生銹。鐵或鋼因沾濕而發生之銹。

『S piece』 彎曲形。建築物之作彎曲形，如英文字母S狀者。若油水馬桶脛際之狀。

『Sacristy』 聖器室。室之附屬於教堂，而置放教中各種神器者。

Saddle bar 〔一〕鉛條玻璃托梗，鉛條玻璃之背面，托置一金屬之梗於窗框之間，以實巨塊玻璃，俾不致被風掀動而破裂。〔二〕玻璃鉛條。現在的定義，即鉛條玻璃間之鉛條之意。

22280

Saddle joint 咬口接。［金屬片之邊口，疊於另一片上，而絞捲衝合。］

Saddle roof 兩山屋頂。屋面之兩端，均有山牆山頭出頂者。

Saddle stone 鞍石。石之狀如馬鞍，置於山牆壓頂之上者。

【Safe】安全，銀箱。

Safe load 安全載重。如工程師計算一梁，必不使該梁搬任極力載重，而施以安全載重。

Safety factor 安全率。義與上同。

【Sag】盪下。因重量關係，中間發現下沉狀態，如電報線或平頂中間盪下。

【Sally】挑出，椽頭。

【Salon】廣廳。正式召集團體之會堂。廣大之廳，用作團體集會，美術品之展覽，或遊藝會之舉行者。會客室。

【Sanatorium】療養院。

【Sanctuary】聖廟。耶路撒冷之廟，為教徒頂禮膜拜之所。基督教之教堂，主教堂，回教堂或廟宇等。

【Sand】砂，沙泥。
Black sand 黑沙。用於與石灰混拌，而作砌牆之灰沙，或泥粉牆壁。

Yellow sand 黃砂。用於與水混攪拌，而作牆腳之灰沙，或粉牆壁，水泥地面牆等，用於與水泥及石子混拌，而成混凝土。

Foundry sand 翻砂沙泥。翻鑄銅鐵所用之沙。

【Sanding】砂打。
Sanding＝machine 砂皮機。砂光地板之機器。

【Sandpaper】砂紙，砂皮。木匠用鉋刨木後，木面所留之刨痕，再用砂紙砂打，使之光深平滑。粗堅之紙，膠粘砂粒或玻璃粉屑，用以磨砂器物。

【Sandstone】粒石，砂石。砂石及養化鐵等結合之巖石。

【Sanitary fitting】衛生裝置。浴室中之浴缸，面盆及抽水馬桶，廚房中之洗碗鐵盆等均屬之。［見圖］

—33—

【Saracenic architecture.】回教建築。建築之形與式，如尖拱或為鞍狀之法圖，尖頂之塔及阿剌伯式之裝飾等，在在表現回教建築之色彩。

【Sarcophagus.】石棺。石棺之雕鑿，採用建築式樣者。亦有置石棺於紀念室或房屋之前，以資點綴紀念者。〔見圖〕

【Sash.】窗。木或金屬之窗框，玻璃或其他物件則嵌於此框間；普通啓閉，則藉拉吊或裝鉸鏈。

French sash 玻璃長窗。窗之裝鉸鏈向一邊開啓者。

Leaded sash 鉛條玻璃窗。

Sliding sash 扯窗。窗之可以上下抽吊或左右扯移者。

Sash casing 窗鉛箱。箱中孔隙，備置盪錘，以權衡吊窗之重量。

Sash door 玻璃門。門上裝配玻璃數方者。

Sash holder, Sash fastener 窗括。窗之插銷或門，以資開閉窗戶者。

Sash frame 窗框，窗堂子。裝窗之圈框。

Sash lift 窗挖手。窗之下帽頭，雕鑿陷洞，以便手指探

入啓閉窗片。

Sash weight 窗櫺重。吊窗旁窗箱中所裝之盪錘，所以

【Saw】鋸。鋸剖器械，普通係一鋼片，口際有齒，用以鋸剖木材及金屬物等。

Saw arbor 銅盆鋸心子。裝鋼盆鋸片之軸心。

Saw back 助鋸鐵。鋸片之背，托襯鐵條，用時藉減鋸片彎曲之病。

Saw bench 鋸桌。桌上裝釘欄口標尺，以便截斷材料。

Saw dust 木屑。鋸剖木材時所遺落之粉屑。

Saw spindle 與Saw arbor同。

Saw table 鋸臺。鋸機之台面，材料卽擱置其上，而推

Band saw 發條鋸。〔見圖〕

發條鋸

Circular saw 圓鋸，銅盆鋸。[見圖]

銅 盆 鋸

Double saw 雙鋸。兩根鋸片同時動作者。

Drum saw 與 Circular saw 同。

Jump saw 跳鋸。銅盆鋸之鋸片，可以上升或降低，以鋸自機條鋸上鋸下之材料。

Compass saw 小促鋸。[見圖]

Hand saw 手鋸。[見圖]

HAND SAW 手鋸

COMPASS SAW 小促鋸

HAND SAW 手鋸

Marble saw 雲石鋸。鋸口無齒，專割解雲石之鋸片。

Hack saw } 鋼鋸。專割解金屬之鋸。
Metal saw }

Shingle saw 瓦片鋸。專割割瓦片之鋸。

Swing saw 斷鋸。[見圖]

鋸斷

『Saw mill』鋸板廠。以原根大木鋸成板片之廠。廠中設備，不僅有鋸機，間亦有刨機等。

『Saw tooth』鋸齒。〔見圖〕

『Sawyer』鋸匠。鋸木之匠工。

『Scabbing』石片。

『Scabellum』胸甲飾。復興建築式用為花飾之支柱，或半柱，十

『Scaffolding』脚手，脚手架。以實工人役登工作者。構造建築物時，四週架搭台架，七世紀時行之於英第二圖。〔見圖〕

撑綱枵板天
刀手
剪承橫脚衝
A.
B.
C.
D.
E.

『Scagliola』充石粉刷。用石膏粉製成，並施各種彩色，而成假雲石，假花崗石或其他岩石之狀。

『Scale』比例尺。用金屬，木材或象牙製成，上彫尺寸之尺。
Sliding scale 計算尺。義與 Sliding rule 同。
Triangular scale 三角比例尺。設計員所用之規尺，其斷面係三角形，尺上彫印各種不同之比例尺。

『Scantling』小木料。木材之厚闊不逾五寸，可作板牆筋及柱子等用者。

『Sculpture』彫石藝。彫鏤石料之工藝。

『Scape』柱軸。柱子之軸心。

『Scenography』配景圖法。

36

『Schedule of prices』標價細單。

『School』學校。

Commercial school 商科學校。

Correspondence school 函授學校。

Private school 私立學校。

Public school 公立學校。

『Sciography』
『Sciagraphy』投影法。

『Screen』屏風，櫊子。

Glazed screen 玻璃櫊子。 中國式號房天井中之玻璃門。

『Screw』螺絲釘。〔見圖〕

Fire screen 火爐屏風。 戲壁火爐前之屏障。

Mosquito screen 蚊蟲窗。 隙避蚊蟲之紗窗。

Flat head screen 平頭螺旋。

Round head screen 圓頭螺旋。

Screen jack 螺旋起重機。

Wooden screen 木螺旋。螺旋釘之用以釘入木類者。

Screw driver 旋鑿。旋釘螺絲之器械。

Screw machine 螺釘機。製造螺旋釘之機器。

Screw stair 螺旋梯。

『Scullery』碗碟洗藏所。室之洗擦廚房用器者。

『Sculptor』彫鏤家。

『Scutcheon』鎖匙門。

『Seasoned timber』乾材料。

『Seat』座席，橙。〔見圖〕

獵奧Dionysaic劇院中主僧之雲石座。

『Second floor』三樓，第三層。

『Secondary beam』小梁，小大料。

『Secret dovetail』暗馬牙。不能外觀之馬牙榫。

『Secret nailing』暗釘。鋪釘樓板，釘自側面釘入，板面無釘頭外露。

『Section』剖面圖，川宮。建築圖樣之顯示建築物內部構造者，其顯示都份，有如將房屋自頂至底剖開。〔見圖〕

『Cross section』短剖面。

『Longitudinal section』長剖面。

『Semi-circular arch』半圓法圈。

『Semi-foreign building』半洋房。

『Semi-detached house』和合式房屋。

『Sentry box』崗亭。軍營站崗崗位之亭子。〔見圖〕

『Septic tank』化糞池，坑池。〔見圖〕

『Seraglio』宮殿。君士坦丁岡教王故宮，宮中陳設古物。此宮為穆罕默德二世所造，位於舊 Acropolis，非現在岡教王之住匿。

『Serpentine marble』蛇紋雲石。

『Servants' hall』傭人川堂。傭人聚坐及唐食之處。

『Servants' quarter』小房子。傭人所居之部份。

『Service pipe』給水管。

『Service drain』污水渠。

『Serving hatch』伙食洞。普通在饍室與浜得利室之間，牆上開一小洞，裝置小門，傳授食物者。

『Cesspool』
『Sesspool』} 糞池。

『Set』一套，一組，一堂。如一套椅子，一堂木器。

【Set back】收進。房屋之高度，超過市政機關所規定者，勢必收

進，以符定章。牆身下之大方脚，初砌時較牆身闊出二

倍，以後逐皮收進，以達正式牆身之厚度。

水抽去，則此 Sewerage 與 Septic tank 相同。

【Set square】三角板。【見圖】

SET SQUARE　　三角板

【Shack】陋舍。

Log shack 木房。【見圖】

【Settlement】下沉。房屋新建後，每有下沉數寸者。

【Sewage Work】溝渠工程。

Sewer】污水渠，陰溝。【見圖】

城市溝渠之構造：

c．空氣流通管

d．溝渠

p．水管

w．給水管

w c．電話電報電流線

【Sewerage】污水排除法。導引屋中污水，至江口或大湖，爲

城市衞生必要建設。普通污水接管流洩入江，有時或

因地形關係，不能自動排洩，則必積貯於大池，用藥

物排除穢氣，或使沉澱，以沉澱物用作肥料，用機將

——待續——

22287

營造與法院

朱縉侯建築中國古式住宅於蘇州十梓街，由同濟建築公司承造；工竣後，該公司與朱縉侯爲工程帳欵及賠償涉訟，起訴於上海第一特區地方法院，旋上訴於江蘇高等法院第二分院，並由該朱鑑定書予以解釋，茲將解釋意見，及建築章程圖樣等，一併刊載於后：

建造章程

朱縉侯先生建造古式住宅一宅及灶間備人房屋等。其地在蘇州城內十梓街第一百十三號門牌。內一切做品及用料。大小高低尺寸。均詳註明於圖樣。或在章程內。逍開工之樣。監督工程及檢察材料等。均歸本建築師指揮。於工程應有詳細大樣等。待工程進行時。須歸本建築師疊出。並工程做到傾銀等事。亦須先晴本建築師驗察無虞。並允准後出憑方可向東肴領取。以下數條。不在眼內。但承包人須担任臨時修安之責。因裝置他物損壞等情。

以下工程均承包在眼內

1 自來水及司汀管子等
2 電燈及電話電鈴綫等
3 花園草地等
4 圍牆
5 浴室內浴缸面盆馬桶及手巾架子等
6 大住宅一宅。及備人房屋廚所等。一切在內。
7 地下陰溝及沿房屋四週。及花園路，明溝，及陰井等。
8 一切材料運輸及稅捐等費。
9 承包人須担任倘遇一切損壞。及意外坍毀。無論大小等事。均歸承包者須担任承包人自任。不得藉口柰加等情。又工程內材料關係工作者。無論已做就或未做成。須當心保護。倘有損壞亦歸承包人更換安當。

保險費

10 作場內倘遇火險等情發生。造主惟擔任照已付過之銀為限。餘惟可自行加保。惟造主之損失須在賠欵內扣除。餘剩之欵退還承包人。保險單須存於造主處保管。

脚手架

11 工程做到上層。須搭平穩脚手架。及梯級以便建築師及東翁隨時到作場內。隨時閱查暨察。不得任意搭腐敗之脚手架及梯級。

12 作場內須有一熱悉圖樣及工程之看工員。並須終日在工場監察。以便東翁及建築師隨時到工場與看工員接洽工程。

庇護

13 庇避須用板木。一切已做就之牆角臺口棧或其他工程等。以防損壞。

牆基

14 牆脚掘後。須用板木撐住。免使泥土墜下。倘牆基下有水須用幫浦抽乾。方可用三合土填平。三合土合法。用碎磚四份。黑沙二份。拔灰一份。須先在拌板上劃和後。方可下入牆基。並每皮十寸。排堅七寸。收面後。又須重漿。加工排打。平直須做平水。其深淺闊狹。均詳註明於剖面圖上。大方脚分作三皮。每皮放五皮牆基。於十五寸牆下作廿寸。深從地平綫以下二尺至三合土面。於一切地板下面。花圈過圍水泥路下面灶間。或方磚地下。均有五寸厚滿堂三合土。大小房屋與都地毗連處大方脚不能伸出者。均須打樁木撐。大小長短距離。並須做一、三、六水泥混合土。均群樁於圖樣上。

水料

15 磚頭須用市上頂上新方。足尺寸。並須堅硬正色。一切牆均是紅磚清水。砌到頂。用拔灰三份黃沙砌合。法一份拔灰三份黃沙。磚縫用拔灰黃沙水門汀嵌合。法一份水泥二份黃沙。小房子門窗頭發圈。用水門汀黃沙砌。磚縫於未砌之前。須先澆濕透。

16 大小房屋。均用頂上頭燒天臺磚。並須堅硬正色。檐口用花瓦頭。

望磚

17 大房子外面檐口下面。須做照磚。

18 大房子正面上下層。用泰山磚瓦公司面磚。其顏色聽東翁自揀。

鋼骨水泥

19 大房子窗櫳五寸厚擱壳子水泥。闊照窗框。每端須伸入牆身八寸。綫脚看大樣。並須斬毛。如假石大房子。勒脚做三寸厚擱壳子。內放三分圓鋼條。十寸中到中雙面。並須斬毛分塊。及大房子正面四根柱子。及第一層洋臺樓板樣。大房子東邊平臺。及後面第三層平臺扶梯間板樣。及水箱間等。及小房子過橋挑出洋臺。及大房子水泥欄干。均做鋼骨水泥。做品看詳細大樣。水泥合法。一份水泥。二份黃沙。四份石子。石子須篩過。大小不得過二寸。

粉水門汀

20 大房子走廊等花磚地下面。須做一寸厚水門汀。後面穿堂廁所及浴間等瑪席克及花磚等地下面。均須做一寸厚水門汀地。及小房子勒脚粉六分厚水門汀。及小房子扶梯間備人廁所花園等。均做三寸厚地面。

瑪席克

21 大房子走廊及後面穿堂等地面。均做瑪席克地面。

花方磚

22 浴間及廁所。及東邊側門口小平臺等。地面均舖六寸方。中國花方磚。其顏色及花樣。須候東翁及建築師擇定之後。方可舖上。承包人不得任意舖上。

白磁磚

23 大房子浴室及廁所等白度均四尺九寸高。用六寸方。純白磁磚英國貨。每打價約一兩七八錢左右之貨。

搗壳子

24 一切鋼骨水泥混合土。於鋼骨水泥樓板下面。至少須包沒六分。於鋼骨水泥樑底及鋼骨水坭柱子四週。均至少須包沒鋼骨一寸半厚。紮鐵於紮好之後。須先請建築師驗過。允准之後。水坭混合土方可搗入壳子。鋼骨及一切樓板樑及柱子等。大小尺寸。看詳網圖樣。水泥用象牌。

牛毛毡

25 大房子牆頭。於地平綫以上八寸。須舖2 PLY頭號牛毛毡一皮。及屋頂內亦須舖牛毛毡。

錫綠推克司

26 在大房子樓上起居室內。隔牆用錫綠推克司。做品內二寸四寸花旗松。黏筋二尺中到中。雙面釘一寸六寸本松企口板。然後用螺絲釘上牛寸厚錫綠推克司。再做粉刷。做品日後看詳細大樣。

木料

27 一切木料。均須乾透。並去除節疤。倘有裂開及舊料等。一概不能作用。倘已做就。必須拆除更換安當。木匠須用上海木幫。匠

人須精巧熟手之工人。

28 大房子一切門窗堂子。大頭板。上下層走廊掛落。及欄杆裝修等。均用柳安門窗堂子做三寸厚六寸闊。

29 大房子踢腳板盡鋸綾。及小房子一切門窗堂子及扶梯等。均用花旗松。大房子踢腳板高九寸。小房子踢腳板高六寸。

樓　板

30 大房子樓地板。用一寸二分四寸闊頭號花旗松企口板。並去除節疤。小房子樓地板。用一寸六寸闊花旗松企口板。

攔　栅

31 大小房子樓地板擱栅。均長方形花旗松。大小尺寸及距離。均詳註明於圖樣上。

沿油木

32 大小房屋樓地擱栅下面沿油木。須抹足柏油。門窗堂子四週及木磡磚等。均須抹足柏油。

粧飾橱

33 每間浴室內。須做粧飾橱一只。廿寸高十四寸闊。須裝車邊玻璃鏡子一塊。內分三格。式樣日後看大樣。

扶　梯

34 大房子扶梯扶手木及踏步等。用頭號柳安。扶梯闊四尺。小房子扶梯二尺九寸闊。做品另有大樣發出。

洋　門

35 大房子洋門三尺闊。廁所及浴室等詳門均做二尺九寸闊。雙樹門倘有裂開及舊料均做一尺六寸高。裝賣邊側門二尺半闊。高均七尺。一切屋頭窗均做一尺六寸高。裝賣邊側門

做四尺半闊。分作三扇。八尺半高連腰頭窗。

窗

36 大房子窗三尺半闊六尺高。連腰頭窗。在會客室內靠東邊上下層二堂窗。做四尺九寸闊。於大房子正面下層均做八尺闊。小房子窗三尺三寸闊四尺高。一切做品。均有大樣發出。

37 大小房子屋頂大料人字木屋頂板桁條椽子風桷板等。均做花旗松。

玻璃

38 大小房子上下層玻璃窗。均用二六項子淨片。樹有水泡及水紋等玻璃。均須剔除。在後面穿堂內靠東邊側門大腳玻璃沙玻璃。小房子上下層玻璃。用十六項子淨片。並須油灰嵌鑲。

石料

39 大小房子一切踏步石及桑子石等。均用蘇州金山石。

鐵料

40 大小扶梯欄杆出風洞。及小房子洋台欄杆等。均做熟鐵。大房子後面平台須做三角鐵。晒衣架子八尺高。五架樑上及人字木上螺絲鐵搭等。均須全備。

插銷

41 大房子上下層玻璃窗及落地長窗大腳玻璃門等。均頭號銅長插銷。於大房子窗上須裝銅PEG STAY。式樣將攏大樣。大房子每室洋門。須裝銅橡皮頭Door Stop裝於踢腳板上。大房子腰頭窗。須裝四寸長銅插銷。小房子窗上鐵鉤子及插銷。均須一應備全。

鉸鏈

42 大房子洋門及落地長窗等。須用銅關鉸鏈。小房子門窗。用普通白鐵鉸鏈。

鎖

43 大房子洋門鎖。每把五兩左右。東邊側門鎖。每把約四兩左右。均用銅執手。惟浴室裏面執手。用玻璃執手。

44 大房子洋門。均用銅執手。小房子洋門。用普通瓷質執手。

壁樹

45 壁樹內一切抽屜擱板及衣鉤等。承包人均須做全。做品日後有詳細大樣發出。

水落

46 大房子均用生鐵水落管子。三寸四寸長方形。嵌入牆內。上面天溝水落。用二十二號白鐵捲線腳。

鋼絲網平頂

47 大房子平台下面。須做銅絲網平頂。須伸出約二尺。每當二尺中到中。須通風洞於平頂內。做品日後有大樣發出。

油漆

48 大房子上下層外面一切門窗及掛落欄杆裝修等。一例為做一底雙塗頭號廣漆。及正面四根柱子。做一底雙塗頭號外鋼油漆。須有光。其包須與頭號廣漆同樣。大房子內面一切門窗裝修。均做雙塗頭號號依納木而白油漆。有光。大房子樓地板扶梯扶手踏步等。均漆光為度。小房子上下層門窗扶梯及樓板等。均做一底一塗廣漆。鐵欄杆出風洞直拐及晒衣架子等。均雙塗黑油。水落做雙塗綠油。

粉　壁

49　大房子裏面上下層牆壁。均做六分厚白蔴筋石糕水沙。平頂轡塗
頭號西拿利埃白粉。平頂線脚花頭須嵌顏色。牆壁亦粉頭號西拿
利埃外圍粉。顏色聽東翁自揀。

50　大房子後面三層樓平台。鋪柏油牛毛毡一皮。然後鋪柏油地面六
分厚。

明　溝

51　大小房子四週。須做七寸對徑牟圓形明溝。

陰溝及陰井

52　地下陰溝大小尺寸穿心及出水方向。均註明於圖樣上。及陰井五
只。廿二寸方。週圍砌十五寸厚磚膶。用黃沙水泥砌。內粉六分
厚水門汀。底下做八寸厚水坭三合土。合法。一份水坭。三份責
沙。六份石子。

花園路

53　房屋四週路。均做水門汀。濶狹照圖樣。水門汀做三寸厚。下面
做五寸厚碎磚灰漿三和土。合法一、三、六。

灶間地面

54　灶間地面。做二寸半厚水門汀。上面做六分厚蔴石子地面。

台　度

55　灶間內做磨石子台度。四尺高。顏色聽東翁自揀。

保證金

56　承包人簽訂本章程及合同之先。須向業主繳保證金。照造價一成
計算。候本章程所歸之工程全部完竣。毫無貽誤。並經業主會同
建築師驗收房屋之後。承包人得兼發項保證金領囘。

規　則

57　承包人須知在此工程內一切做工及材料等。均在眼內。並又須遵
守工務局定章辦理。倘有章程及圖樣未及詳載明。於工程上應需
之物。必當做全。不得另行加眼。即日後本建築師所擬工程進行
時隨時新發出大樣。承包人須當遵守照大樣。不得藉口更改。因
原樣比例公尺甚小。不得明示。並承包人佔價時須定建造期限。
倘有過期等情。必須處罰。及他項違背本章程領欵等事。另有合
同。與本章程同生效力。

58　工程做到牢逸，倘有軍事行動或戰爭發生等情。倘有損失等情。
與業主無涉。不得藉口索加。所有損失。均歸承包人自理。

59　一切材料。於簽訂章程與合同之後。承包人均不得藉口索加。
材料與工價者。承包人均不得藉口索加。倘因金價升漲。影響及一切
灰本等等。均歸承包人自理。倘者損失
與業主為難。倘者損失

60　大房子上下層窗。均用一寸二分銅圓管窗簾梗及銅圈。須全備。

窗簾梗

61　大房子屋頂內做五寸厚坭幔條子隔牆。

坭幔條子隔牆

中華民國二十年　　月　　日訂立

造　　主
建築師
承包者
保　人
見　證

正　面　圖

甲　圖　面　剖

22293

苏州朱靖侯住宅图样

22294

為鑑定同濟建築公司與朱稻侯因工程服款沴訟一案鑑定書二‧乙項載「有類如柱及而實則數量與做法均未確定註明………」之鑑定解說不甚明瞭擬補本會代為解說茲查二‧乙項下各款之性質各異初不能概括下詞應分別加註解說爰特製表如下：一

記　號	條項	鑑　定	理　　　　　由	銀數	不應加數	應加數
甲		應加	章程三十九條石料項「大房子一切踏步石及礫子石等均用蘇州金山石」甲項係階沿或稱洋台樣檔非踏步或礫子應加………	銀		76.-
癸	(2)	不應加	圖樣第二張與第三張平面圖與剖面圖用比例尺量該確係三尺非二尺故不應加……	銀	20.-	
未	(1)	不應加	屋頂簷頭根據圖樣第三張平面圖雖僅二尺然圖樣第一張之立面圖兩輻與圖樣第三張之剖面圖所示簷頭須向外突出四尺半之多……	銀	90.-	
	(2)	應加	根據章程二十九條載「大房子踢腳板………均用花旗松」而實際所做為柳安故應加……	銀		162.-
	(3)	應加	章程十九條鋼骨水泥項「……及大房子正面四根柱及第一層洋臺樓板樑………均做鋼骨水泥………」現在所做在鋼骨水泥外撈水泥細砂乾硬後用石工將其出面部份錐鑿成石狀……	銀		35.-
	(4)	應加	章程四十八條油漆項載「………及正面四根柱子做一底雙塗頭號外國油漆………」而實際所做係與上條[未(3)]相同之假石故應加	銀		80.-
	(5)	應加	章程十九條鋼骨水泥項「………大房子東邊平臺………水泥欄杆均做鋼骨水泥………」然實際所做與上述[未(3)]相同之水泥假石故應加	銀		35.-
	(6)	應加	章程十九條鋼骨水泥項「……… 後面第三層平臺………均做鋼骨水泥……」現在所做與上述[未(3)]同應加	銀		50.-
	(7)	應加	章程十九條鋼骨水泥項「………小房子過橋………均做鋼骨水泥………」現在所做與上述[未(3)]相同……	銀		27.-
	(16)	應加	小房子窗盤根本未於此條提及	銀		95.-
乙	(3)	應加	房屋既照合同圖樣加大應加　原合同圖樣第三張剖面圖未有水泥鷄頭而更改圖樣第四張在水泥大料之外突出五寸之鷄頭應加	銀		46.25

22295

記　號	條項	鑑　定	理　　　　由	銀	不應加數	應加數
	(4)	應加	章程四十九條粉壁項「………平頂綫脚花頭須嵌顏色………」此外無只字提及花頭應做幾道花頭之式樣及做法旣未於章程及圖樣中切實註明而實際所做則所費工料頗鉅依諸常情自當予以相當補償………	銀		89.25
丙	(2)	應加	同上	銀		83.10
丁	(3)	,,	做高後重復改低應加	銀		30.-
巳	(1)	,,	同〔乙「4」〕	銀		46.90
庚	(5)	,,	同〔乙(4)〕	銀		49.80
辛	(1)	,,	同〔乙(4)〕	銀		35.70
壬	(1)	,,	同〔乙(4)〕	銀		36.90
子	(2)	,,	同〔乙(4)〕	銀		36.-
寅	(1)	,,	同〔乙(4)〕	銀		35.-
	(2)	,,	同〔乙(4)〕	銀		35.90
卯	(1)	,,	三層樓本無平頂綫脚之規定現做平頂綫脚並加花頭應加	銀		72.50
辰	(5)	應加	小房子本無平頂綫脚之規定現做平頂綫脚應加	銀		77.00
申	(1)	應加	已經被告應允並有發票證明應加………	銀		18.50
元	(1)	,,	鎖本規定在章程之內鋼由定作人自辦向承造人扣還鎖價茲因所扣之數過分故應找還……	銀		34.30
洪	(1)	應加	情形同上項〔洪(1)〕	銀		13.57
荒	(1)	不應加	章程三十九條規定大小房子踏步石用蘇州金山石不應加………	銀	10.-	
戊	(1)	應加	剖面圖與章程中均無規定應加………	銀		24.-
申					120.-	1,325.07

22296

六 之 宅 住 濟 經

北半東堂子胡同郭少伯先生住宅　　　　　　本鄉服務部擬

尺　　　寸

大房子 28'0" × 22'0". 全屋的總面積
是37'0" × 26'0". 檐面下層高八尺，上
層高七尺半。

這所整齊的住宅，他的結搆是值得仿
造的。他那外表和內裏都很夠味，允
稱一座滿意的建築。

十足的美國式

尺　　　寸

大房子24'×27'. 全屋面積24'8"
×29'9". 檐面高八尺半。

不僅建築堅固，並且經濟省費；短小
精悍，切合實用，更是這平屋所特具
的美點！

堅固！經濟！

22298

聖路易區中的十全住屋

.CROSS.SECTION.

WEST WALL — LIVING ROOM AND STAIR HALL

SCALE IN FEET.

這幢建築圖樣，是在今春初來選取，認為聖路易區中的十全住屋，係海夢建築師所設計 (Architect Fred R. Hammond)，造價需美金六千圓。此乃小住宅中最能代表現代之作。上列的模型是美國早期式樣，室中最可注意之點爲面臨陽台的寬大起居室。

.BASEMENT.FLOOR.PLAN.

· WEST · ELEVATION ·

· EAST · ELEVATION ·

· SOUTH · ELEVATION ·

· NORTH · ELEVATION ·

· FIRST · FLOOR · PLAN ·

· SECOND · FLOOR · PLAN ·

~ ELECTRIC SYMBOLS ~

◻ CEILING OUTLET
◻H BRACKET OUTLET
◉H RECEPTACLE IN BASE
◉H RADIO OUTLET
◡H SWITCH
3WAY◡H 3 WAY SWITCH

22300

建築材料價目表
磚 瓦 類

貨　名	商　號	大　　小	數量	價　目	備　註
空　心　磚	大中磚瓦公司	12"×12"×10"	每千	$250.00	車挑力在外
〃　〃　〃	〃　〃　〃　〃	12"×12"×9"	〃　〃	230.00	
〃　〃　〃	〃　〃　〃　〃	12"×12"×8"	〃　〃	200.00	
〃　〃　〃	〃　〃　〃　〃	12"×12"×6"	〃　〃	150.00	
〃　〃　〃	〃　〃　〃　〃	12"×12"×4"	〃　〃	100.00	
〃　〃　〃	〃　〃　〃　〃	12"×12"×3"	〃　〃	80.00	
〃　〃　〃	〃　〃　〃　〃	9¼"×9¼"×6"	〃　〃	80.00	
〃　〃　〃	〃　〃　〃　〃	9¼"×9¼"×4½"	〃　〃	65.00	
〃　〃　〃	〃　〃　〃　〃	9¼"×9¼"×3"	〃　〃	50.00	
〃　〃　〃	〃　〃　〃　〃	9¼"×4½"×4½"	〃　〃	40.00	
〃　〃　〃	〃　〃　〃　〃	9¼"×4½"×3"	〃　〃	24.00	
〃　〃　〃	〃　〃　〃　〃	9¼"×4½"×2½"	〃　〃	23.00	
〃　〃　〃	〃　〃　〃　〃	9¼"×4½"×2"	〃　〃	22.00	
實　心　磚	〃　〃　〃　〃	8½"×4⅛"×2½"	〃　〃	14.00	
〃　〃　〃	〃　〃　〃　〃	10"×4⅞"×2"	〃　〃	13.30	
〃　〃　〃	〃　〃　〃　〃	9"×4⅜"×2"	〃　〃	11.20	
〃　〃　〃	〃　〃　〃　〃	9"×4⅜"×2¼"	〃　〃	12.60	
大　中　瓦	〃　〃　〃　〃	15"×9½"	〃　〃	63.00	運至營造場地
西　班　牙　瓦	〃　〃　〃　〃	16"×5½"	〃　〃	52.00	〃　〃
英　國　式　灣　瓦	〃　〃　〃　〃	11"×6½"	〃　〃	40.00	〃　〃
脊　瓦	〃　〃　〃　〃	18"×8"	〃　〃	126.00	〃　〃

鋼 條 類

貨　名	商　號	標　記	數量	價　目	備　註
鋼　條		四十尺二分光圓	每噸	一百十八元	德國或比國貨
〃		四十尺二分半光圓	〃	一百十八元	〃　〃　〃
〃		四二尺三分光圓	〃	一百十八元	〃　〃　〃
〃		四十尺三分圓竹節	〃	一百十六元	〃　〃　〃
〃		四十尺普通花色	〃	一百〇七元	鋼絲自四分至一寸方或圓
〃		盤　圓　絲	每市擔	四元六角	

22301

五　金　類

貨　名	商　號	標　記	數量	價　目	備　註
二二號英白鐵			每箱	五十八元八角	每箱廿一張重四○二斤
二四號英白鐵			每箱	五十八元八角	每箱廿五張重量同上
二六號英白鐵			每箱	六十三元	每箱卅三張重量同上
二八號英白鐵			每箱	六十七元二角	每箱廿一張重量同上
二二號英瓦鐵			每箱	五十八元八角	每箱廿五張重量同上
二四號英瓦鐵			每箱	五十八元八角	每箱卅三張重量同上
二六號英瓦鐵			每箱	六十三元	每箱卅八張重量同上
二八號英瓦鐵			每箱	六十七元二角	每箱廿一張重量同上
二二號美白鐵			每箱	六十九元三角	每箱廿五張重量同上
二四號美白鐵			每箱	六十九元三角	每箱卅三張重量同上
二六號美白鐵			每箱	七十三元五角	每箱卅八張重量同上
二八號美白鐵			每箱	七十七元七角	每箱卅八張重量同上
美方釘			每桶	十六元○九分	
平頭釘			每桶	十六元八角	
中國貨元釘			每桶	六元五角	
五方紙牛毛毡			每捲	二元八角	
半號牛毛毡		馬　牌	每捲	二元八角	
一號牛毛毡		馬　牌	每捲	三元九角	
二號牛毛毡		馬　牌	每捲	五元一角	
三號牛毛毡		馬　牌	每捲	七　元	
銅絲網		2 7″ × 9 6″ 2¼lb.	每方	四　元	德國或美國貨
″　″　″		2 7″ × 9 6″ 3lb.rib	每方	十　元	″　　″　″
銅版網		8′ × 12′ 六分一寸半眼	每張	三十四元	
水落鐵		六　分	每千尺	四十五元	每根長廿尺
牆角線			每千尺	九十五元	每根長十二尺
踏步鐵			每千尺	五十五元	每根長十尺或十二尺
鉛絲布			每捲	二十三元	闊三尺長一百尺
綠鉛紗			每捲	十七元	″　　″　″
銅絲布			每捲	四十元	″　　″　″
洋門套鎖			每打	十六元	中國鎖廠出品 黃銅或古銅色
″　″　″			每打	十八元	德國或美國貨
彈弓門鎖			每打	三十元	中國鎖廠出品
″　″　″			每打	五十元	外　貨

22302

貨　名	商　號	說　明	數量	價　格	備　註
洋　松	上海市同業公會公議價目	八尺至卅二尺再長照加	每千尺	洋八十四元	
一寸洋松	〃 〃 〃		〃 〃	〃八十六元	
寸半洋松	〃 〃 〃		〃 〃	八十七元	
洋松二寸光板	〃 〃 〃		〃 〃	六十六元	
四尺洋松條子	〃 〃 〃		每萬根	一百二十五元	
一寸四寸洋松一號企口板	〃 〃 〃		每千尺	一百〇五元	
一寸四寸洋松副號企口板	〃 〃 〃		〃 〃	八十八元	
一寸四寸洋松二號企口板	〃 〃 〃		〃 〃	七十六元	
一寸六寸洋松一頭號企口板	〃 〃 〃		〃 〃	一百十元	
一寸六寸洋松副頭號企口板	〃 〃 〃		〃 〃	九十元	
一寸六寸洋松二號企口板	〃 〃 〃		〃 〃	七十八元	
一二五四寸一號洋松企口板	〃 〃 〃		〃 〃	一百三十五元	
一二五四寸二號洋松企口板	〃 〃 〃		〃 〃	九十七元	
一二五六寸一號洋松企口板	〃 〃 〃		〃 〃	一百五十元	
一二五六寸二號洋松企口板	〃 〃 〃		〃 〃	一百十元	
柚木（頭號）	〃 〃 〃	僧帽牌	〃 〃	五百三十元	
柚木（甲種）	〃 〃 〃	龍牌	〃 〃	四百五十元	
柚木（乙種）	〃 〃 〃	〃 〃	〃 〃	四百二十元	
柚木段	〃 〃 〃	〃 〃	〃 〃	三百五十元	
硬　木	〃 〃 〃		〃 〃	二百元	
硬木（火介方）	〃 〃 〃		〃 〃	一百五十元	
柳　安	〃 〃 〃		〃 〃	一百八十元	
紅　板	〃 〃 〃		〃 〃	一百〇五元	
抄　板	〃 〃 〃		〃 〃	一百四十元	
十二尺三寸六八皖松	〃 〃 〃		〃 〃	六十五元	
十二尺二寸皖松	〃 〃 〃		〃 〃	六十五元	
一二五四寸柳安企口板	〃 〃 〃		每千尺	一百八十五元	
一寸六寸柳安企口板	〃 〃 〃		〃 〃	一百八十五元	
二寸一寸半建松片	〃 〃 〃		〃 〃	六十元	
一丈字印建松板	〃 〃 〃		每丈	三元五角	

22303

貨 名	商 號	說 明	數量	價 格	備 註
一丈足建松板	上海市同業公會公議價目		〃 〃	五元五角	
八尺寸顒松板	〃 〃 〃		〃 〃	四元	
二寸六寸一號顒松板	〃 〃 〃		每千尺	五十元	
二寸六寸二號顒松板	〃 〃 〃		〃 〃	四十五元	
八尺機鋸杭松板	〃 〃 〃		每丈	二元	
九尺機鋸顒松板	〃 〃 〃		〃 〃	一元八角	
八尺足寸皖松板	〃 〃 〃		〃 〃	四元六角	
一丈皖松板	〃 〃 〃		〃 〃	五元五角	
八尺六分皖松板	〃 〃 〃		〃 〃	三元六角	
台松板	〃 〃 〃		〃 〃	四元	
九尺八分坦戶板	〃 〃 〃		〃 〃	一元二角	
九尺五分坦戶板	〃 〃 〃		〃 〃	一元	
八尺六分紅柳板	〃 〃 〃		〃 〃	二元二角	
七尺俄松板	〃 〃 〃		〃 〃	一元九角	
八尺俄松板	〃 〃 〃		〃 〃	二元一角	
九尺坦戶板	〃 〃 〃		〃 〃	一元四角	
六分一寸俄紅松板	〃 〃 〃		每千尺	七十三元	
六分一寸俄白松板	〃 〃 〃		〃 〃	七十一元	
一寸二分四寸俄紅松板	〃 〃 〃		〃 〃	六十九元	
俄紅松方	〃 〃 〃		〃 〃	六十九元	
一寸四寸俄紅白松企口板	〃 〃 〃		〃 〃	七十四元	
一寸六寸俄紅白松企口板	〃 〃 〃		〃 〃	七十四元	

水 泥 類

貨 名	商 號	標 記	數量	價 目	備 註
水 泥		象 牌	每桶	六元三角	
水 泥		秦 山	每桶	六元二角半	
水 泥		馬 牌	〃 〃	六元二角	
白 水 泥		英 國 "Atlas"	〃 〃	三十二元	
白 水 泥		法 國 麒麟牌	〃 〃	二十八元	
白 水 泥		意 國 紅獅牌	〃 〃	二十七元	

南昌行營審核處左應時君問：

（一）基地如保歇丈深之沙質，建築房屋時，其牆基可否照普通建築構造？抑須特別設計？以求堅固。

（二）如基地之面積極大，在其中部建築一所，屋為長方形式，寢室位於屋之二旁，則此屋究以坐西朝東，或坐北朝南為宜。

服務部答：

（一）若造普通平屋，不妨用普通灰漿三和土打堅之法；惟倘建高屋，則須試驗土質一方尺可負若干壓擠力及房屋之載重若干以配之。

（二）以坐北朝南為佳。

韓正君問：

（一）洋松最長尺數？

（二）請示 Extraseal Iron Cement 之譯名及其功用。

服務部答：

（一）洋松之長度，最長五十尺，超出此數者極少。

（二）可譯作鐵屑水泥，依英文字義分析譯之，為加料（Extra）固封（Seal）鐵（Iron）水泥（Cement）。係建築所用之避水材料。

三森建築公司竺宜智君問：

圓鋼條與方鋼條；其斷面積相等時，則其可受之拉力及壓力作何比例？其用處有何區別？

服務部答：

其面積既相等，則可受之拉力及壓力當亦相等；惟同等面積之鋼條，圓鋼條之周圍較方者為多，因之黏結力（Bond Stress）較為略強和土之接觸亦多，故與水泥三和土之接觸亦多，因之黏結力（Bond Stress）較為略強。

招商局龔景繪君問：

舶來膠夾板之經理商及上海膠夾板製造廠，共有若干？

服務部答：

上海製造膠夾板者，有英商祥泰木行及華商精藝木行。經售外貨膠夾板者，有太平洋木行，公大洋行，大來洋行木部，祥泰木行，隔格木行等。

繆競潮君問：

大中磚瓦公司出品西班牙式紅筒瓦，每方丈需底瓦多少？蓋瓦多少塊？每千塊時價若干？倘運至南京下關車站，每千塊運費幾何？

服務部答：

每方丈需底瓦三百六十塊；時價每千塊洋五十二元。運費視重量而定，請直接向大中磚瓦公司接洽；該公司地址，請參閱本刊該公司廣告。

本期稿擠，工程估價下期續登。

22305

本會二屆徵求會員定期截止

本會第二屆徵求會員大會，自五月一日開始舉行以來，由各總隊長分隊長等努力徵求，成績頗爲可觀，截止目前，各隊繳到分數已經不少。現並經第十一次執監聯席會議議決，定期七月三十一日結束，不再展延。並規定每一執監委員至少須徵得十人，每一隊長至少須徵得十人，每一總隊長至少須徵得一人，以爲先導。想屆期結束，不難超出預定目標也。

國民大學工學院工業考察團來會

參觀

廣東國民大學，爲私立著名大學之一，現有學生近二千人，頗爲發達。工學院辦理成績，亦稱良好。近該校師生，利用暑假，組織工業考察團，來滬參觀。該團久聞本會組織，亦經來會參觀。並於七月十日，由常委杜彥耿君陪同該團，至四行儲蓄會二十二層大廈，及老匯大廈等工程有頭參觀。對於實際營造情形，解說周詳；各生對於工程有疑難處發問頗多，提出討論，極感興趣云。

敬告本市各營造廠家

本會近來迭據報告，謂有不肖之徒，虛設辦公地點，藉名通函招標，騙取巨額保證金，逃逸無蹤。本會以事關設局撞騙，除已報捕論辦外，特再備具通告，敬告各營造廠家，近有宵小虛設辦公地點，藉名招標，騙取保證金後，捲逃無蹤。其方法係按照本市營造廠登記名冊，陸辦分兩各營造廠寄發函件，邀請前往投標，各營造廠家接函後，不知底蘊，沾然自喜，依照規定，繕措巨額現金，以爲保證。到期開標，則查無蹤跡，墮其奸計。本會爲保護各營造廠利益計，爰揭其黑幕，除報補論辦外，特再鄭重通告，此後各廠家如遇通函招標情事，應愼重將事，縝密調查，確有證據，幸勿貿然出之，以免墮其奸計。若係設局撞騙，應卽報捕拘究，以除敗類。此啓。

北平市工務局託代索靶子場建築

圖樣

北平市工務局近擬建築靶子場一所，鑒於上海公共租界工部局在北四川路底所建靶子場，設計完善，足供參考。頃由該局備具公函，託本會代向工部局索取靶子場建築圖樣一份。本會當據情備函，玆同公函前往索取，玆已得工部局覆函，謂已將該項圖樣逕寄北平市工務局矣。

籌議自建會所

本會現在大陸商場會所，地位得宜，尚堪敷用。惟以寄賃而居，終非久計，故於三年前卽有在江灣購地自建會所之籌議，迨後因一二八事變中止。現經七月十四日第十二次執監聯席會議議決，籌發債券十萬元，以爲購置基地之用。惟以玆事體大，所有發行手續及償還方法等，將愼重研究後，再付討論。所有建築經費，將另籌措云。

22306

北行報告

杜彥耿

余等一行於二十三年五月十一日晨八時，搭京滬車離上海北站，下午二點三十分抵首都。遂往巖店安頓行李，旋即出遊。先至交通部新署，攝影三幀；繼至外交部新署，攝影一幀。上二新署均在建築之中，惟交部大廈行將竣工。其建築之喬皇富麗，允推為中山道上之巨構，與鐵道部公署相映，尤覺生色。余常謂中國現代建築，羣趨歐化，固有建築，年久運滅，甚引為杞憂。今見中山大道二旁建築，如勵志社，華僑招待所，主席官邸，中山陵園，譚延闓墓，陳亡將士墓，將士紀念塔，以及中央運動場等，既在在表顯中國原有之建築美，且參以近代構造計算方法，並採用鋼筋水泥等新式材料，故又能富於持久性，夙所杞憂者，為之冰釋。惟此種建築尚有未能使人滿意者，如地位之不經濟，造價之太耗費，不合時代需要，不易普及民間及其他繁盛區域。此則建築師所亟須注意研究，藉以刱造一新的建築法式；使具備實用經濟堅固之條件，而不失中國固有之建築精神。

然復與中國建築法式，非有相當之時間與多人之研究不為功，極宜組織一專門委員會，常時集議，共策進行。惟專門人材如建築師營造家等，率皆忙於職務，初無餘暇參加集議。是以最善之辦法，厥為各人於設計建築圖樣時，酌採古代建築式樣，融合西洋合理之方法與東方固有之色彩於一爐，刱造最經濟適用之建築物，以資提倡。此種圖樣，除供實施工作外，並發表於有關建築學術之刊物，互相研摹探討。苟能同具此心，則不久之將來，定可實現目的也。曩者各人偶有所得，多祕而不宣，誠為文化之罪人，竊以為不取也。

十二日過江，乘津浦車北上，每過一鋼橋，輒探首外望，第見橋下黃沙平舖，了無滴水，兩旁柳樹成行，宛似公路，殊不知即為河流。河底低於田隴僅六寸左右，無怪水發時，洪流泛濫，而成水災，亢旱時則乾涸無水可資灌溉，而成旱災。自浦口迄天津長凡一〇五八公里間，幾全屬如此，可知歷年災患已成，原因在此，是亦不加疏濬有以致之。

沿路二旁民屋，構造之簡陋，非住居都市者所能想象。屋建於離地一尺高之亂石基上，用黃泥塊疊砌，外塗黃泥，（泥塊係用黃泥加水搗爛，和以草筋，搗入黃塊模型，待乾取出曬於日光而成。）屋頂架以樹幹為桁條，樹枝為椽骨，編葦蘆幹，上覆黃土，即可居人。

其建築工程，自無建築師爲之設計，營造廠爲之承造也。北方的下層同胞，固多生於此種泥屋，長於此種泥屋，而老於此種泥屋者也。

民居

每三五所泥屋間，必有堡壘一，蓋藉以抗禦土匪來襲之設備也。茍洪水暴發時而水逾一

尺高之某時，泥壁必着水而圯圮，居民卽成無家可歸之災黎。雖北地氣候多旱，然一旦水

發，則易成災患，如十九年災區之遼濶，遭難者之不可勝計，皆因人力不爲預防之結果也。

十四晨八時十九分車抵平站，首觸我眼簾者，黃瓦紅牆與花坊之建築物，較之津浦道上

所見泥屋，不啻天壤。

✓平市街道可大別爲二種，曰幹路與支路，重要之幹路，面澆柏油，二旁人行道殊寬闊，

道旁栽植槐樹，綠蔭森森，枝葉婆娑，洵屬可愛。支路則多起伏不平，泥灰厚積，風起塵飛

戴天：惟澆水伕役工作顯勤

，不時在路澆灑。

天安門外之華表石獅

余等此行主要目的，在參觀故宮建築，爰驅車經一牌樓二重拱圈門而

至天安門。門外華表矗立，石獅雄踞，過御河橋，而進天安門。門次復有

華表分列二旁。御道二旁遍植槐樹，槐樹之後爲東西朝房；中國營造學社

卽設於西首朝房。正對天安門者爲端門，過此則爲午門，爲太和門門前御

河環繞，有金水橋五座，雕欄玉砌，備極典麗。太和門廣宇九楹，中闢三

門。門前列銅獅二，委蛇之美，彫鏤之精，誠帝皇時代不惜鉅工之美術品。

從太和門更進，則太和殿在矣，太和殿即俗稱金鑾殿者，深五楹，廣十一楹，中設寶

座，爲國家大慶帝皇御殿受賀之處。殿外露台，陳列龜鶴。祭器日晷嘉量金缸四口龍墀三

重丹陛五出殿頂藻井及一盤

龍，其彫鏤與設計，誠爲鬼

斧神工，允推精選。

中和殿寬深各五楹，淦

金圓頂，陛左右各一重，南

北出各三重，中設龍墀。面

積不巨，僅似一較大之亭子耳。

保和殿廣九楹，深五楹，陛南北出各三重，中鑴龍墀。殿內朱柱，方磚

地，平頂，無斗拱。中設寶座，爲帝皇御殿朝考新進士處。

更進，則乾清宮，坤寧宮，坤甯闕，天一門等，兩旁爲太廟，社稷壇，

武英殿，文華殿，傳心殿，南三所，東三所，毓慶宮，及內宮各院。

殿登景山，向前遙矚，則太和殿，太和門，午門，端門，大安門，中華

金鑾殿與太和門

22309

門，正陽門，直至城南永定門，成為一直線。建築之偉大，可見一斑。惟此等建築，在當時無非用以顯耀宮室之美，固非帝后息居之所。帝后平時所居者，在圓明園暢春園之時間為最多，次則頤和園及熱河行宮。因之，此四處建築，亦較為新穎；如須研究我國近代宮殿建築之變遷，非參觀該三處不可。而圓明暢春已圯，熱河行宮又被佔奪；現存者僅頤和園，頤和園則四者間最乏研究資料之建築也。

二十六日午刻，應平市公務局汪局長欵待於德國飯店，同席者除汪局長及工務局各科長外，尚有中國營業舉社梁思成，劉敦楨，沈理源建築師，葛宏夫董葵庸等諸君。席間據顏科長談，北平現有人口，根據公安局最近調查，計一百七十萬，突破以前紀錄。市府收入年約四百五十萬，用諸公安方面者佔其半數而猶感不敷，故建設方面未能獲特殊之成績，即如平市急待解決之溝渠問題，因無費關係，現尚陷於停頓狀態，但原有溝渠係築於明代，大半已經淤塞，每逢下雨，水積街衢，不易排洩，故工務局會訂有「北平市溝渠建設設計綱要」及「徵求北平市溝渠計劃意見報告書」二種云云。記者荏摘要錄後，藉資公開討論焉。

（待續）

預定

全年	十二冊	大洋伍元
郵費	本埠每冊二分,全年二角四分;外埠每冊五分,全年六角;國外另定	
優待	同時定閱二份以上者;定費九折計算。	

建 築 月 刊

第 二 卷 · 第 六 號

中華民國二十三年六月份出版

編輯者	上 海 市 建 築 協 會 編 南 京 路 大 陸 商 場
發行者	上 海 市 建 築 協 會 編 南 京 路 大 陸 商 場
	電 話 九 二 〇 〇 九
印刷者	新 光 印 書 館 上海聖母院路聖達里三一號
	電 話 七 四 六 三 五

投 稿 簡 章

1. 本刊所列各門,皆歡迎投稿。翻譯創作均可,文言白話不拘。須加新式標點符號。譯作附寄原文,如原文不便附寄,應詳細註明原文書名,出版時日地點。

2. 一經揭載,贈閱本刊或酬現金,撰文每千字一元至五元,譯文每千字半元至三元。重要著作特別優待。投稿人却酬者聽。

3. 來稿本刊編輯有權增刪,不願增刪者,須先聲明。

4. 來稿槪不退還,預先聲明者不在此例,惟須附足寄還之郵費。

5. 抄襲之作,取消酬贈。

6. 稿寄上海南京路大陸商場六二〇號本刊編輯部。

22313

22314

22316

22317

22318

怡昌泰營造廠

本廠最近承造工程之一

北江西路崇明路轉角承造之公寓………五和洋行設計

歡迎	委託	計規	擅長	頭等	及	大小	本廠
	託無	劃如	並代	工程	鐵路橋樑	鋼骨水泥	承造一切
	不竭	蒙	客設	皆所	碼		
	誠						

YEE CHONG TAI
GENERAL CONTRACTOR

Sinza Road, Lane 929, B-3　　　Tel. 33714

22319

22320

仄泰美記營造廠

電話 五一四二五

上海華德路二九一衖二七號

本廠最近承造之呂班路公寓……………………普益地產公司設計

本廠承造大小工程
一切大工小
建築工程
工作迅捷
辦事認眞
如蒙賜顧
竭誠歡迎

KOW TAI
GENERAL BUILDING CONTRACTOR

House No. JG 27, Lane 291, Ward Road, Shanghai.

Tel. 51425

22322

22323

22324

安記

營造廠

之造承廠本
棧藏冷昌茂海上

本廠專門承造一切大小建築鋼骨水泥及壩岸等無不經驗豐富工作承造認真如蒙委託承造或估價無任歡迎

22327

22331

The BUILDER

建築月刊

VOL. 2 NO. 7

第二卷　第七期

臥樂民屋

孔祥熙題

22335

22336

22337

22338

設附會協築建市海上
私立正基建築工業補習學校招生
民國十九年秋創立 ○ 上海市教育局登記

宗旨 本校利用業餘時間以啓示實踐之教授方法灌輸入學者以切於解決生活之建築工程學識爲宗旨

編制 本校參酌學制設高級初級兩部每部各三年修業年限共六年

程度 本屆招考初級一二三年級及高級一二三年級各級新生

年級 凡投考初級部者須在高級小學畢業或具同等學力者
凡投考高級部者須在初級中學畢業高級初級中學肄業或其同等學力者

報名 呈繳畢業證書或成績單等領取應考證憑證於指定日期入場應試
即日起每日上午九時至下午六時親至南京路大陸商場六樓六二○號上海市建築協會內本校辦事處填寫報名單隨付手續費一圓（錄取與否槪不發還）

考科 入學試驗之科目 國文 英文 算術（初）代數（初）幾何（初）三角物理（高）
投考高級二三年級者酌量本校程度加試高等數學及其他建築工程學科（考試時筆墨由各生自備）

考期 八月二十六日（星期日）上午八時起在牯嶺路長沙路口十八號本校舉行
應考各生錄取與否由本校直接通告之

揭曉 事處空函恕不答覆

校址 牯嶺路長沙路口十八號

附告
（一）函索本校詳細章程須開具地址附郵四分寄大陸商場建築協會內本校辦事處空函恕不答覆
（二）本校授課時間爲每日下午七時至九時
（三）本屆招考新生除高級部外初級各年級名額不多於必要時得截止報名不另通知之

中華民國二十三年七月　　日　　校長　湯景賢

22339

本公司最新出品第九
百號四寸二分方釉光
及噉光之「興業」美術牆
磚各種顏色俱備美觀
耐久凡新式之辦公室
銀行大旅館公寓及高
上住宅等皆宜採用之
定價克己

22346

22347

建築月刊 第二卷第七號

民國二十三年七月份出版

目錄

插圖

天津北寧路局將建之大禮堂

配景圖（三色版）……二

天津北寧路局將建之大禮堂

地盤圖……三

平面圖……四

天津北寧路局將建之一醫院

配景圖……五

巴黎城中之橋樑……六—九

粵漢鐵路株韶段隧道攝影……十

北四川路崇明路角之公寓攝影……十一—十二

上海北四川路新亞酒樓

大禮堂……十三

西餐室與川堂……十四

長廊……十五

正面圖……十六—十七

THE BUILDER

JULY 1934 Vol. 2 No. 7

LEADING CONTENTS

ILLUSTRATIONS

New Reception Hall of the Peiping-Liaoning Railway at Tientsin.

New Hospital of the Peiping-Liaoning Railway at Tientsin.

Bridges of Paris.

Apartment House Corner of North Szechuen and Tsingming Roads.

Tunnel Opened for Canton and Hankow Railway.

New Asia Hotel, North Szechuen Road, Shanghai.

ARTICLES

Multi-story Frame Analysed by the Cross' Method.　　By T. Y. Lin

Building Terms in English and Chinese.

An Open Letter to Architects and Engineers.

Residential Houses.

Building Estimates.　　By N. K. Doo

Cost of Building Materials.

Report of the Northern Trip.
　　　　　　　　By N. K. Doo

論著

用克勞氏法計算樓架 ………………… 林同棪 二二—三二

建築辭典（續） …………………………………… 三二—四〇

振興建築事業之首要 …………………………… 四一—四三

經濟住宅 ………………………………………… 四四—四五

工程估價 ……………………………… 杜彥耿 四六—四九

建築材料價目表 ………………………………… 五〇—五四

北行報告（續） ……………………… 杜彥耿 五五—六〇

上層平面圖 …………………………………………… 一八

屋頂平面圖 …………………………………………… 一九

剖面圖 ………………………………………………… 二〇

廣告索引

大中磚瓦公司
英商茂隆有限公司
陸順記營造廠
上海大理石公司
合作五仓公司
開灤礦務局
大美地板公司
正基建築工業補習學校
大來洋行木部
與業甎磚公司
比國鋼業聯合社
謙信機器公司
遠東雲石公司
新成鋼管製造公司

美和洋行
中國造木公司
茂和公司
桑泰銅鐵銅砂廠
泰興建築材料行
天泉鑿井局
茂昌焊祀銅鐵工廠
于順興甈廠
華杰鋼鐵廠
新器製造廠
華興機器公司
新合記營造廠
公勤鐵廠
新仁記營造廠
陶桂記營造廠

元豐公司
張德與電料行
東南磚瓦公司
馥記營造廠
華德燈泡公司
美和公司
立豐藝術公司
合豐行
祥泰木行
瑞昌銅鉄五金工廠
吉星洋行

New Reception Hall of the Peiping–Liaoning
Railway at Tientsin, the building cost of which
will be $100,000.00. Construction will commence
during this fall.   Architect, Wm. Kirk, R. N.
E., M. E. S. C.

圖為天津北寧路局之大禮堂，造價國幣十萬元
（內部裝修除外）；即將興工，設計者為上海高
爾克建築師云。

New Reception Hall of the Peiping-Liaoning Railway at Tientsin.

天津北寧路新築之醫院平面圖

New Hospital of the Peiping-Liaoning Railway at Tientsin — First floor plan.

ISOMETRIC PERSPECTIVE VIEW OF PROPOSED HOSPITAL IN TIENTSIN

FOR MESSRS P-L. RAILWAY

天津北寧路局將築之一醫院　　　上海西區克遜建築師設計

New Hospital of the Peiping–Liaoning Railway at Tientsin.

Wm. A. Kirk, R. N. E., N. E. S. C., Architect.

巴黎城中之橋梁

巴黎以美麗名。塞納河穿過城中，河上橋梁十餘座，雖均係拱橋，而形式各殊。其注重美術，適合環境，不徒邀勝美國，卽歐陸諸國亦罕有及之者。斯則遊巴黎之工程師，所不能忽視者也。憶客歲在紐約，陪見華德爾博士，談及將赴歐旅行，調查橋梁一事，彼云：「巴黎橋梁華麗，殊足一觀。」記者行經巴黎，將城中各橋，一一遠觀細味。意其於橋梁工程之美術方面，頗有足供參考者。特將影片十數幀，付印以供讀者。

林同棪識

右 Arc de Triomph 上猶見巴黎市之一部

Pont de Grenelle. 三空鋼板拱橋兩座，中隔一小島。

Pont de Passy. 鋼板拱橋一座，中部係雙層式。

Passerelle De Billy. 二鉸鏈行人拱橋。橋之上部為鋼架，在橋面以下則為鋼板。

Pont Alexandre III—三鉸鋼拱橋。橋頭兩大柱，與橋中之花飾，頗炫奪目。

Pont Neuf—橋經小島，分為兩部。

Pont du Carrouset. 橋面之載重，用鋼環傳至橋拱。

Pont au Change. 沿河大馬路，汽車來往甚多，致橋上停車多輛。公路橋之實際載重，每因橋之所在而變更，可於此見之。

Pont St. Louis. 無鉸鑱之拱橋。

Pont de la Tournell。一九二八年新建之鋼筋混凝土拱橋。年來建築之美術，與昔週異，而悅目則一也。

— 7 —

◁ ─

Petit Pont—橋邊即著名之 Notre Dame。橋之美，
因不專在其本身，亦觀其環境如何耳。

 ─ ▷

Pont Avenue Ledru。五空之鋼筋混凝
土拱橋。混凝土橋之易於美術
化，可以此圖為證。

◁ ─

Viaduc D' Austerlitz。三鉸鏈式之鋼架拱
橋。在林下望之，愈覺其美。

─ ▷

Viaduc D' Austerlitz橋之一端，其橋面正在修
理中。橋端之背架，與橋柱之裝飾，為
此橋之特點。

22358

Pont de Bercy。橋圖之中，係用兩層式，上行電車。 →

Pont de Tolbiac。此係五空拱橋。在樹蔭中只見其兩空焉。

↓

△

Pont de Bercy。圖為橋端上層之近觀。圖左為鋼架引橋。

◁ Pont National—此為巴黎城中塞納河下游最末之一橋。

北四川路崇明路角之公寓

五和洋行建築師
仁昌營造廠造

Apartment House Corner of North Szechuen and Tsingming Roads.

Republic Land Investment Co., Architects.
Shun Chong & Co., Building Contractors.

北四川路崇明路角公寓之又一影

Another View of the above Apartment.

粵漢鐵路株韶叚隧道初開時之攝影

Tunnel Opened Prior to Lining of Arch.

粵漢鐵路株韶段隧道撮影

Tunnel Opened for Canton and Hankow Railway.

隧道之又一影

Another Tunnel.

Interior View of Main Dining Room Especially for Big Gathering,
New Asia Hotel, North Szechuen Road, Shanghai.

22363

新亞酒樓

西餐室

Another Dining Room of New Asia Hotel Where Foreign Meals are Served.

川堂

Lobby. of New Asia Hotel.

新亞酒樓之長廊

Main Corridor from Elevator to Rooms.
NEW ASIA HOTEL

— 15 —

22365

新亞酒樓正面圖

五和洋行設計

FRONT ELEVATION
SCALE 1/8" = 0'

Republic Land Investment Co., Architects.

New Asia Hotel, North Szechuen Road, Shanghai.

ELEVATION - EAST CORNER
(DEVELOPED)
SCALE 1:00

New Asia Hotel.

TYPICAL FLOOR PLAN
Scale 1" = 10'

GROUND FLOOR PLAN
Scale 1" = 10'

New Asia Hotel.

新亞酒樓底層及上層平面圖

New Asia Hotel.

新亞酒樓剖面圖

THRO CENTER ENTRANCE

New Asia Hotel

勘　誤

上期本刊插圖陶森記營造廠承造之"上海青島路淚克路口建築中之市房"，設計者為凱司建築師 (Keys & Dowdeswell)，誤植新瑞和洋行，特此更正。

第二卷第三期"克勞氏法間接應用法"一文，應改正各點：

(1)第29頁第一圖，各尺寸40,23,20,應添上英呎之符號。48'5應為48'.5。

(2)第30頁第二行，direct and shear，應作 direct stress and shear。

(8)第二圖，右端之上角應添← ——H'

(4)第十圖，右端下角之—900h，應作—1900h。

第二卷第六期"用克勞氏法計算次應力"一文，應改正各點：

(1)第7頁第18行，"壓力桿件之次應力過4000#/□其4000#/□"應作3000#/□"。

(2)第13頁下部。"=f$\frac{MC'}{I}$" 應作"f=$\frac{MC}{I}$"

　　　　"次應方"應作"次應力"

　　　　"上面受壓力"應作"下面受壓力"

用克勞氏法計算樓架

林 同 棪

第一節——緒 論

高樓建築，遍於美國各城市，近亦漸風行滬上。此種建築之樓架，須足以抵抗風力，庶不致有傾覆之虞，卽尋常三五層之混凝土連架，亦每有計算風力之必要。按樓架計算法，種類甚多，在構造學課本以及各雜誌上，多可見及。然非專門研究者，自無暇一一尋讀，殊無介紹之必要。作者意此種計算法，以克勞氏法爲最輕便而簡捷。卽以克勞氏法而論，間接用於此架，手續亦有多種。本文所介紹兩種手續，雖均須完全創作，其中自有新穎之處。在美國雜誌中，尙可見及其他手續。然讀者得此兩種，卽已應付有餘。如有志研究，可參看下列各書：—

(1) Hardy Cross, "Analysis of Continuous Frames by Distributing Fixed-end Moments" Reprint from Transactions, Am Soc. of Civil Engrs., 1932, P.1-156.

(2) Cross & Morgan, "Continuous Frames of Reinforced Concrete", John Wiley, 1932.

(3) Proceedings, A. S. C. E., Jan. 1933, Grinter's "Wind Stress Analysis Simplified."
May, 1933, Goldberg, "Wind Stresses by Slope-deflection and Converging Approximations".

第 二 節——樓架受風力後之變形

樓架受風力後，其變形與其靜力學之關係，殊值吾人之注意。計算時所假設其變形，必須合以下之條件，

(1) 交在同一交點之各桿端，其坡度相等。

(2) 在每層樓中之各柱其兩端之相對撓度相等。

(3) 各柱因直接應力之變形，槪不計算。

※ 又樓架受力後，其靜力學上之條件如下：—

(1a) 在每一交點之桿端動率，其和等於零。

(2a) 每一層各柱端動率，被柱高所除；其得數之和，爲該層之內剪力。每層之內剪力，應等於該層之外來剪力。

以上(1)與(1a)兩條，凡應用克勞氏法者，當能知之。至於(2)與(2a)兩條，凡能用克勞氏法間接應用者，亦當能明瞭其意義。（註一）讀者先將此五點完全了解，牢記在心，然後再往下細看。

第 三 節——第 一 種 手 續

第一種手續：係利用聯立方程式。其理論與實用，均較爲簡單。惟如層數過多，則費時較久，

（註一） 請參看本刊本卷第一期及第三期關於克勞氏法之兩文

似不如下文之第二種手續。茲將此種利用聯立方程式之步驟列下：—

第一步——設第一層各柱均發生撓度＝1,（或任何其他方便數目）；而其他各層,均無相對撓度。算得第一層各柱之定端動率,而用克勞氏法分配之,以求在此種撓度情形下之各桿端動率 M_1。再算各層因此等動率所生之內剪力。第一層之剪力謂之 H_{1-1}；第二層為 H_{2-1}；第三層為 H_{3-1}……………。再設第二層各柱均發生撓度＝1,而其他各層均無相對撓度；求各桿端動率 M_2 並各層之內剪力 H_{1-2}, H_{2-2}, H_{3-2}…………。將其餘各層一一如法照算,求出 H_{1-3}, H_{2-3}, H_{3-3},…………。

第二步——算得各層之外來剪力 H_1, H_2, H_3,…………。則各層之異正撓度 D_1, D_2, D_3,…………所生之內剪力,須與該層之外剪力相等。而每層之內剪力,係因各層撓度所集合而生者,故,

$$H_1 = H_{1-1}D_1 + H_{1-2}D_2 + H_{1-3}D_3 \cdots\cdots\cdots\cdots$$

$$H_2 = H_{2-1}D_1 + H_{2-2}D_2 + H_{2-3}D_3 \cdots\cdots\cdots\cdots$$

$$H_3 = H_{3-1}D_1 + H_{3-2}D_2 + H_{3-3}D_3 \cdots\cdots\cdots\cdots$$

$$\cdots\cdots\cdots\cdots\cdots\cdots\cdots\cdots$$

由以上各聯立方程式,可算出 D_1, D_2, D_3,…………。（用麥克斯緯定理 Maxwell's law of reciprocal deflections,以可證明 $H_{1-2} = H_{2-1}, H_{3-1} = H_{1-3}, H_{23} = H_{3-2}$,…………）

第三步——各桿端率動,係因各層撓度所生者,故其因 H_1, H_2, H_3……所生之動率為,

$$M = M_1 D_1 + M_2 D_2 + M_3 D_3 + \cdots\cdots\cdots\cdots$$

第 四 節——第二種手續

如樓架層數過多,而其載重情形不過一二種,則第二種手續當為較愈。其步驟如下：—

第一步——設每層各柱均因撓度而同時發生定端動率；其定端動率所生之內剪力,與每層之外剪力 $H_1 H_2 H_3$……相等或相近。用克勞氏法分配之,以求各桿端動率 M_1,並 M_1 所生之各層剪力 H_{11}, H_{12}, H_{13},…………。再算每層此時內外剪力之比例, $\dfrac{H_1}{H_{11}}$, $\dfrac{H_2}{H_{12}}$, $\dfrac{H_3}{H_{13}}$…………。如此數比例均相等,則將各桿端之 M_1 乘以此比例,便得其異動率。實際上,此數比例多不相等,則須求此數比例之平均數或其相近數 K_1。以 K_1 乘各動率 M_1,則各層之內剪力當為 $K_1 H_{11}, K_1 H_{12}$, $K_1 H_{13}$………乘後之各層內剪力未必皆能與其外剪力相等。其相差之度, $H_1 - K_1 H_{11}, H_2 - K_1 H_{12}, H_3 - K_1 H_{13}$,…………可用第二步改正之。

第二步——設每層各柱又因撓度而同時發生定端動率；其定端動率所生之內剪力,與每層之外剪力 $H_1 - K_1 H_{11}, H_2 - K_1 H_{12}, H_3 - K_1 H_{13}$…………相等或相近。用克勞氏法分配之,以求各桿端動率 M_2 並各層之內剪力 $H_{21} H_{22} H_{23}$……………。設如 $H_{21} = H_1 - K_1 H_{11}, H_{22} = H_2 - K_1 H_{12}$, $H_{23} = H_3 - K_1 H_{13}$,……則各桿端之異正動率為 $M = K_1 M_1 + M_2$。否則可求各比例 $\dfrac{H_1 - K_1 H_{11}}{H}$

$, \dfrac{H_2 - K_1 H_{12}}{H_{22}}, \dfrac{H_3 - K_1 H_{13}}{H_{23}}$ ……………。求各比例之平均數K_2。如$K_1 H_{11} + K_2 H_{21}$與外剪

H_1相近，而其他各層內外剪力均相差無多，則可求各桿端動率$M = K_1 M_1 + K_2 M_2$。如各層內外

剪力仍相差頗多，則可用第三步改正之。

第三步——設每層各柱又因撓度而同時發生定端動率；其定端動率所生之內剪力，每層之外剪

力$H_1 - K_1 H_{11} - K_2 H_{21}, H_2 - K_1 H_{12} - K_2 H_{22}, H_3 - K_1 H_{13} - K_2 H_{23}$,…………相等或相近。照

第二步進行而求$M = K_1 M_1 + K_2 M_2 + M_3$或$M = K_1 M_1 + K_2 M_2 + K_3 M_3$。

第四步——如第三步用後，仍嫌不準確，則可繼續改正之。實際上，第一二步用後，多即已準

確有餘矣。

第 五 節——簡化克勞氏法

在本刊前期"用克勞氏法計算次應力"文中，作者已介紹一種簡化克勞氏法。此處再略為重說

之，以便讀者。其法係將分配與移動兩種工作同時舉行；每放鬆一交點，不將各桿端所分得之動率

寫出，而立將各遠端所移動得之動率寫出。待分配移動完畢，再將各交點桿端動率，全數加起，作

一次之分配。本文各算圖中，並將各交點放鬆之次序註出，以便讀者之對照。

第 六 節——實例，用第一種手續

設兩層樓架如第一圖，其各桿件均係固定箝動率者；其硬度K及載重均如圖。算出每交點各桿

端之K'，如AB之A端$K' = \dfrac{5}{5+3} = 0.625$…………。再算出其K'C，如$0.625 \times \dfrac{1}{2} = 0.312$………。

第一步——設第一層發生撓度，故各柱端均生定端動率。其數量可用以下公式算出，（註二）

$$F = C \dfrac{K}{L}$$

設C＝10,000,(C可為任何數目；此處設其為10,000,純為計算上之便利而已。），則，

$$F_{DF} = F_{FD} = 10,000 \dfrac{5}{20} = 2500$$

$$F_{CE} = F_{EC} = 10,000 \dfrac{4}{25} = 1600$$

將以上各定端動率寫於第二圖而用簡化克勞氏法分配之如圖。再算各層之內剪力如下：——

$$H_{1\text{-}1} = \dfrac{783}{25} + \dfrac{1804 + 2152}{20} = 229.1$$

（註二）　參看本刊第二卷第二期"桿件各性質C.K.F.之計算法"一文。

第 一 圖

註：桿件 CE 之 E 端為鉸鏈端，
故 C 端之硬度為 $\frac{3}{4} \times 4 = 3$.

第 一 圖 —— 各點鬆鉸之次序：EDBACDDCA.
（各點平衡鬆鉸之後，即以"V"記之如圖）

— 25 —

第三圖 —— 各点放發之次序：ADCDADCDBCD

$$H_{2\text{-}1} = \frac{-28-32-123-376}{15} = -37.3$$

再設第二層發生撓度，其各柱之定端動率爲，

$$F_{AC} = F_{CA} = 10000\frac{3}{15} = 2000$$

$$F_{BD} = F_{DB} = 10000\frac{3}{15} = 2000$$

將各定端動率分配之如第三圖並求各層之內剪力如下：——

$$H_{1\text{-}2} = \frac{-258}{25} + \frac{-360-180}{20} = -37.3$$

$$H_{2\text{-}2} = \frac{1339+1476+1349+1512}{15} = 378.4$$

（以上$H_{1\text{-}2} = H_{2\text{-}1} = -37.3$,證明計算無誤）

第二步 —— 第一層之外剪力，$H_1 = 1500$‰。第二層之外剪力$H_2 = 1000$‰，故

$$1500 = 229.1D_1 - 37.3D_2$$

$$1000 = -37.3D_1 + 378.4D_2$$

由以上兩聯立方程式，可以算出，

$D_1 = 7.100$

$D_2 = 3.345$

第三步——將第二圖之各桿端動率乘以7.100將第三圖之動率乘以3.345，而加之如第四圖。其得數即為在第一圖載重下之各桿端動率。例如桿件ＡＢ之Ａ端動率，在第二圖為＋32，在第三圖為—1339,故其真動率為，

$7.100 \times 32 - 3.345 \times 1339 = 230 - 4480 = -4250$（如第四圖）。從第四圖可算出各層之內剪力，以驗其是否與外剪力相等，例如第一層之內剪力為，

$$\frac{4700}{25} + \frac{14680 + 11600}{20} = 188 + 1314 = 1502,$$

與外剪力1500顯明相等。

第 四 圖

第 七 節——實例，用第二種手續

本節將第六節中之實例，用第二種手續(即第四節所示者)算出如下：—

第一步——每柱因撓度所生之定端動率，

$$M = C\frac{K}{L} \quad \text{（C爲任何定數）}$$

而每層因撓度所生之內剪力，爲該層各柱端之 $\frac{M}{L}$ 之和，故

$$H = \sum \frac{M}{L} = \sum C\frac{K}{L^2} = C\sum \frac{K}{L^2}$$

第一層柱端之 $\sum \frac{K}{L^2}$ 爲，

$$\left(\frac{4}{25^2} \times 2\right) + \left(\frac{5}{20^2} \times 2\right) = 0.0378$$

第二層柱端之 $\sum \frac{K}{L^2}$ 爲，

$$\left(\frac{3}{15^2} \times 2\right) + \left(\frac{3}{15^2} \times 2\right) 0.0533$$

第一層，$H_1 = 1500$，

$$\therefore C_1 = \frac{1500}{.0378} = 39.700$$

第二層，$H_2 = 1000$

$$\therefore C_2 = \frac{1000}{0.0533} = 18.800$$

由此可算出各柱之定端動率，

$$F_{CE} = F_{EC} = 39700\frac{4}{25} = 6350$$

$$F_{DF} = F_{FD} = 39700\frac{5}{20} = 9925$$

$$F_{AC} = F_{CA} = F_{BD} = F_{DB} = 3760$$

將以上各動率寫於第五圖而分配之，得各桿端率動M_1如圖。再算得各層之內剪力如下：

第一層，
$$H_{11} = \frac{2627}{25} + \frac{8041 + 6475}{20} = 831$$

第二層，
$$H_{12} = \frac{2664 + 2392 + 1350 + 2045}{15} = 563$$

再算內外剪力之比例：一

第一層，
$$\frac{H_1}{H_{11}} = \frac{1500}{831} = 1.806$$

第二層，
$$\frac{H_2}{H_{12}} = \frac{1000}{563} = 1.775$$

其平均比例爲 $\frac{1.806 + 1.775}{2} = 1.79$。

故如將第五圖乘以1.79，則各層之剪力將爲，

第一層，$K_1H_{11}=1.79\times831=1490$

第二層，$K_1H_{12}=1.79\times563=1010$

第五圖 —— 各点放鬆之次序：一
E D A B C D A B C D A B C D A B C D.

此時內外剪力之相差為，（相差之數甚小，實際上可不必用第二步矣。）

$$H_1—K_1H_{11}=1500—1490=10$$

$$H_2—K_1H_{12}=1000—1010=-10$$

22379

如欲更求精確，可繼續用第二步以改正之。

第二步——設每層各柱又因撓度而同時發生定端動率。第一層之定端動率，其內剪力須等於 $H_1 - K_1 H_{11} = 10$。第二層之定端動率，其內剪力等於 $H_2 - K_1 H_{12} = 10$。

故此次第一層之 $\dfrac{H_1 - K_1 H_{11}}{\Sigma \dfrac{K}{L^2}}$ 爲

$$C'_1 = \frac{10}{.0378} = 265$$

第二層爲，

$$C'_1 = \frac{-10}{.0533} = 188$$

由此可得各定端動率，

$$F_{CE} = F_{EC} = 265 \frac{25}{4} = 42$$

$$F_{DF} = F_{FD} = 265 \frac{5}{20} = 66$$

$$F_{AC} = F_{CA} = F_{BD} = F_{DB} = -188 \frac{3}{15} = -38$$

第 六 圖 — 各点放鬆之次序，

EABCDABCD

22380

将以上各定端动率写于第六图而分配之。由其所得之杆端动率算出各层之内剪力：

第一层，　$H_{21} = \frac{21}{25} + \frac{60+55}{20} = 6.6$

第二层，　$H_{22} = \frac{-26+33+29+39}{15} = -8.5$

故第一层之比例，　$\frac{H_1 - K_1 H_{11}}{H_{21}} = \frac{10}{6.6} = 1.6$

第二层之比例，　$\frac{H_2 - K_2 H_{12}}{H_{22}} = \frac{-10}{-8.5} = 1.2$

其平均比例为　$\frac{1.6+1.2}{2} = 1.4 = K_2$。

$K_1 H_{11} + K_2 H_{21} = 1490 + 1.4 \times 6.6 = 1499$

$K_1 H_{12} + K_2 H_{22} = 1010 - 1.4 \times 8.5 = 998$

与1500及1000均甚相近。故其准确已足，第三步可不必用。

　将第六图乘以K_2，第五图乘以K_1而加之，可得各杆端动率如第七图。第七图之得数，顾与第四图相同。

第 七 图

22381

第 八 節——結論

　　以上兩種手續，各有長短。如層數不過三四，而載重情形甚多，則以第一法爲適用。否則第二法爲較簡。讀者可自擇一種，或兩種並用。熟習之後，更可有改良之處，所謂熟能生巧是也。至於樓架之各層撓度及各點坡度，亦可算出無難，茲不多述。關於層數甚多之樓架，本文第一節所載第二本參考書228—233頁，亦頗簡單，可與本文第二種手續相較量。總之，應用克勞氏法者，如能注意連架變形與其靜力之關係，自能變化無窮，途徑百出。

22382

『Shaft』●柱身。柱子之一部份，普通均為圓形，界於花帽頭與坐盤之間。其他物之形狀與柱身相類者，亦名之。如樹幹等。〔見圖〕

㈡地軸。轉動皮帶盤之金屬梗。

㈣吊車架子，揪拔洞。營造場中所築洞架，藉以吊送建築材料者。

Air shaft 空氣洞。

Elevator shaft 吊梯洞。

Light shaft 光線洞。

『Shambles』屠宰場。屠者宰殺牲畜之場所。

『Shank』㈠柱身。與shaft之義同；惟shank本義，係膝以下之足脛，以之狀坐盤卜花帽頭之下之柱身。

㈡白地。陶立克式台口壁緣中，排鬆鋸糟兩旁之平面白地。〔見圖〕

『Shape』形象，型範。

『Shearing force』剪力。凡二種力在反對方向，各沿距離甚近之二平行線，施於一體，如剪刀之切割者，謂之剪力。

『Shearing stress』抵剪力。

『Shed』棚。屋舍之構築簡略，屋架於柱而四周臨空者。

22383

「Galvanized iron shed」白鐵棚。

「Mat shed」蘆蓆棚。

「Sheet glass」淨片玻璃。

「Sheet iron」鐵皮。鐵之製成薄片，以資應用者。他如sheet brass銅皮，sheet steel鋼皮等，其厚度大概不過二分。

「Sheet pile」板樁。厚塊之板。打舂成行，以為樁閘者。如水箱墩之外層樁板，亦有用鋼片板樁者。

〔見圖〕

「shelf」居壁架，擱板。一塊薄板，平橫貼着於牆際，下承以木架，用以置放另件，如書架，飾物架，及廚房中之壁架等。

「Shell」蚌殼花，貝飾。

〔見圖〕

Shell lime 蚌殼石灰。石灰之以貝殼之類燒煉者。

「Shellac」雪納。東印度之一種樹脂，製成薄片，以之浸於酒精，便成泡立水，可以塗漆器物。此種樹脂，亦為製造凡立水之原料。

「Shingle」（一）片瓦。係一塊木片，大概十八寸長，四寸或四寸餘濶，一端厚一寸，另一端則不滿一寸，用之作瓦或石破舖蓋於屋面；有時亦用於屋之旁邊，以代磚壁。晚近建築材料，日趨於新，片瓦均用石棉及牛毛毡製成，顏色與種類極多。

（二）礫頭砂，瓜子片。圓形之石礫子，小於gravel者，石子之小於六分者。

「Shoe」靴脚。水落管子下端與明溝相近處，突出之嘴，雨水從茲漏出者。鐵靴脚之保護木樁尖端者。

「Shop」店舖，市房。一所房屋之用以開作店舖，銷售貨物者，如米舖，肉舖等。一所店舖，除售貨物外，兼作製造修理者，如鐵舖，車行等。在英國，"shop"一字有二種意義：（一）一個所在用作製造，修理等者。（二）一個所在用作銷售貨物者。美國僅取第一義，但第二義現亦通用。

「Shop front」店面。

『Shop window』 橱窗。陳列貨品之橱窗。與 slow window 同解。

『Shore』 支柱，撑頭。房屋修理時，臨時支撑之支柱。〔見圖〕

『Shovel』 煤鏟。方板之鏟，上有揑手，用以鏟泥，煤等物，或掘泥之工具。〔見圖〕

Steam shovel 氣機鏟。〔見圖〕

煤鏟

a. 平台
b. 鑪
c. 鑪壁
d. 引擎
e. 繞繩輪齒
f. 繞繩輪齒及繞繩盤
g. 足座
h. 汽吊帶
i. 逆引擎
j. 推幹
k. 鏟手
l. 鏟齒
m. 鏟斗
n. 鏟斗門繩
o. 旋轉發
p.
q. 茄克手與茄克螺絲

『Shovel』 機鏟。

〔見圖〕

『Shower bath』淋浴。浴室中裝就龍頭，水放出如雨點，俾冲洗身體。

『Shrink』收縮。不乾燥之木材，以之作器，必至吹縮離縫。

『Shutter』百葉窗。窗框之中，實以百葉板，或浜子板，藉以遮蔽陽光及掩護窗戶。

Box shutter 百葉箱。百葉板之可藏匿於窗之二邊箱中者。

Venetian shutter 百葉窗。百葉窗之裝於玻璃窗外者。係活動之百葉板釘於竪直之貓猴棒，可容啓閉。

『Side board』山扒檯。餐室中木器之一種。普通上有欄板，下有抽屜及橱門，用以儲放盆碟等食器者。

『Side elevation』側面樣。圖樣之顯示側面部份者。

【Side light】 邊窗。窗之開於房屋側面或門之旁邊者。

【Side walk】 人行道。街路旁行人之道。

【Sieve】 篩子。分選物質粗細分子之網眼器具。種類顏多，普通者在竹框之下，裝釘絲網。

【見圖】

【Sill】 檻。

Door sill 地檻，踏步。

【見圖】

橫嵌於窗或門下之木或石。

Window sill 窗檻。

【見圖】

【Silo】 穀倉，秣室。

【Sink】 水盤。盤之形狀，普通為長方，如箱狀，裝於廚房中，通接出水管，以之洗滌食器及食物等。

【Sitting room】 坐起室。家人聚首或憩息之所。義與parlor同，惟parlor一字較舊，故人咸呼sitting room。

【Size】

一大小尺寸。量測一物之大小，高低，闊徑或直徑等，例如一書之尺寸，一人之長短。

二膠。各種有膠黏性之物質。

Golden size 金膠。一種流質之膠黏物，用以加塗於嵌玻璃之油灰中。

【Skeleton construction】 鋼骨構造。

【Sketch】 草圖。短時間內繪成一物之大概形象；如建築師先繪草圖，略示房屋之格式，內部各室之分配，以示計擬營屋者，俾資商榷，以便繪製正式圖樣。

【Skew】 圈腳，山頭，鑑牌。●法圈兩面根緊斜形之圈根。●山頭腳下挑出之石。

【見圖】

22386

『Skirting』踢脚板。室中牆根與地板接鑲處所釘之木板。

【見圖】

『Sky light』天窗。屋面所開之窗。

『Sky line』外線。房屋之外緣線。

『Sky parlor』汽樓坐起室。屋頂汽樓間中所闢之坐起室。

『Sky scraper』摩天建築。高矗雲霄之大廈。

『Slab』片塊，砭。

【見圖】

片塊舖蓋屋面。

㈠將淅段鋸成片塊，用片塊遮蓋或做成

㈡平扁之塊片金屬或石，面部平整，如雲石砭。

㈢人行道用石砭舖成。

㈣鋼骨水泥砭擱於鋼骨水泥梁上。

『Slag brick』礦渣磚。

『Slag cement』礦渣水泥。

『Slaked lime』石灰末。石灰化散而成之粉末。

『Slat』百葉板。薄狹之木板（或金屬），用以遮蔽陽光，做百葉窗及軟百葉。

Slat crimper 百葉捲摺器。

Slat machine 百葉板機。 將木塊鋸成百葉板之機器。

Slat seat 楞條櫈。用狹木條釘成之櫈，每根木條之中間留有空隙者，如公園中之長櫈。

『Slate』石砭瓦。舖蓋屋面之石砭。

任何石塊，可依石紋剖成大塊光深之薄片者，

石砭之厚且佳者，可作彈子臺面，電氣開關閘砭，水盤及地庫之用。

石砭之厚度，自一分至二分者，均可作為舖蓋屋面之材料。

石砭瓦之用人工製造者，依所用原料名製成之石砭瓦如下：

Argillaceous or clay slate 粘土石砭瓦。

Bituminous slate 油毛毡石砭瓦。

Calcareous slate 石灰質石砭瓦。

Chlorite slate 綠酸圈石砭瓦。

Damourite slate 千層紙石砭瓦。或稱「旦摩蘭」石砭瓦，「旦摩蘭」係法國一化學師之名。

Diorite slate 閃綠石砭瓦。

Hornblende slate 角閃石砭瓦。

Hydromica slate 水雲母石砭瓦。

Mica slate 雲母石砭瓦。

天然石砭瓦，有因產地之名以名者，如次：

Dolgelly slates 道爾其石砭瓦，產於英國威爾斯之道爾其區。

Virenx slates 維烈斯石砭瓦，產於比國。

Peiping slates 北平石砭瓦，產於中國北平。

La Conyere slates 拉哥賢石砭瓦，產於法國之西北部。

在英國之石砭瓦，有以大小尺寸之別而定其名者如下：

Doubles .... 13 in.× 6 in.
Ladies .... 16 in.× 8 in.
Viscountesses .... 18 in.× 9 in.
Countesses .... 20 in.×10in.
Marchionesses .... 22 in.×11in.
Duchesses .... 24 in.×12in.
Princesses .... 24 in.×14in.
Empresses .... 26 in.×16in.
Imperials .... 30 in.×24in.
Queens .... 36 in.×24in.

普通所用之尺寸，以Duchesses與Countesses二種為最。

『Slaughter house』 屠宰場。屠宰牲畜之場所。

『Sleeper』（一）小柵栅。鋼骨水泥樓砭上，欲舖澀木板，故預置錠樣式之小柵栅，柵栅之間舖以水泥煤屑，待硬後，即舖木板於上。【見圖】

（二）枕木。鐵路軌道下所橫之枕木。

『Sleeping wall』 地龍牆。下層攔覆地檻栅之牆。【見圖】

『Slide-rule』 計算尺。尺之剝有兩面或兩面以上之度線者。更於活動拉抽之尺上，亦剝有度線，以資相對核算。工程師因其計算迅捷，故用者特多。【見圖】

22388

『Sliding door』搓門。普通在起居室與繫室之間，有雙扇濶之門

一堂，平素關閉，有時兩間拉開，合而爲一，地位自大。

『Sliding rule』計算尺。與Slide rule同

『Sliding sash』搓窗。窗之啓閉以上下抽吊者。

『Slope』斜，反水。　任何不平而傾向坡斜之面線。

屋面之向兩邊傾瀉，俾雨水或污水流入於陰溝。此種傾斜，均稱反

水。高於他端，馬路中央脊起兩邊斜下，如水泥平

『Smith』金工。打鍛金屬物成器之工匠，如：

Black smith 鐵匠。

Boiler smith 鍋爐匠。

Brass smith 銅匠。

Tin smith 鉛皮匠。

『Smoking room』吸烟室。

『Smooth plane』細鉋。木匠鉋木之工具。

『Sneck』關鍵。門上所裝之彈簧鎖，義與latch同。

『Snecking』亂石工。疊砌亂石牆

間以水泥犬牙黏接，藉資鞏固。

『S'recked』用亂石築砌。

『Soak』浸，濕。磚於未用之前，須先浸濕或澆濕。

『Socket』●內螺絲接頭。裝接管子之接頭。

『Socle』像座。平齊方整，無線脚，較高於勒脚之坐盤，用以置

放彫鑄像體或其他美術品。

二燈頭。　[見圖]

『Sofa』沙發椅。長椅之後背與兩邊高起者。

『Soffit』平頂，底。扶梯底之平頂，舊口平頂，台口底，過

梁底，法圈圈底。　[見圖]

內螺絲接頭　舒

1.燈頭開關。

2.鍊條開關。

圖底 SOFFIT

【Soil pipe】糞管。生鐵翻鑄之管子，裝於室內或室外，為貫接衛生設備之要物。

【Solder】銲接。使兩金屬物銲接成一片。

【Solid floor】實心地板。地板底下，完全實質，無流通空氣之空隙者。

【Soligunum】沙立根油。油之一種，色分黑，淺黑及棕黑三種，用以塗抹木材，防止腐蝕。亦可用作泡立水之底塗，如樓地板之欲抹漆黑色泡立水者，可先抹沙立根油一塗，待乾透後，再上泡立水打蠟。

【Sound material】良材。材料之完好優良者。

【Sound proof】隔音。隔絕音響之設置，如隔音板壁或隔音室。

【Spall】石片。石工鑿擊時所留之殘片斷屑。

【Span】開當，開闊。兩橋墩中間之距離，法圈，梁，或房屋中間之寬度。

【Spandrel】三角檔。普通在門頭法圈上之三角處，或兩法圈相接處之三角地。〔見圖〕

【Spanish style】西班牙式建築。

【Spare room】客室。臥室之備客暫宿者。

【Sparge pipe】噴水管。

【Specification】承攬章程。建築師所訂之建築用料及施工群章，以補建築圖樣及合同之不足。

【Sphinx】女思奮獸像。女首獅身之彫鵞像，或其他以人獸合體之美術鑄像。〔見圖〕

埃及彫像獅身男人之首者 Andro sphinx

埃及彫像獅身羊首者 Criosphinx

埃及彫像獅身鷹首者 Hieracoshinpx

【Spigot joint】套筒接。一根管子尾接於另一管子，其法不用螺旋，而用套筒式之接合。

【Spike】大釘。釘之粗大於尋常者，其長度自四寸半至六寸，鉚頭亦特大，用以釘鐵道上之鐵軌，或碼頭螺子等者。〔見圖〕
a 釘鐵軌者。
b 釘碼頭者。

（待續）

40

振興建築事業之首要

建築師工程師於承接設計之工程招集營造廠商領取圖樣章程開賬投標時，必須繳納手續押樣等費，自數十元至數百元不等。廠商受託開賬，精密計算，既其苦心，又須受此貼費損失，殊失事理之平，且此種惡例，時為宵小利用以作詐財之徑，尤感痛苦，因之廠商紛向上海市營造廠業同業公會請求設法救濟，藉以保障利益，業經該會致函中國建築師學會及中國工程師學會，陳述廠商困苦實情，請以後如有工程招標，應变積弊，將習慣上之押樣手續等費，概行豁免。查建築師工程師等於招商投標時，收取費用，揆之世界各國，均無例可援；建築師工程師之服務，只能直接或間接向業主收取報酬，而不能向無論何種承包商分包商等收受金錢，此乃專門技士應有之尊嚴，亦即歐美建築師工程師確切不移之箴訓，迺我國建築界獨積陋習，重累營造廠商，不合理，不公平，一無足取，貽患甚深。按營造廠向建築師工程師處領得圖樣說明書後，必精心估值，以冀得標，凡屬較大之工程，恆費時一星期或十日以上，經濟時間之損失，既不能取償於人，反須支付手續等費，不平悖理，莫此為甚？況押樣費之流弊，已發現多起，例如上年十月間，有上海長源測繪公司主任於全案，承接南市姜延澤委記業號之委託，於法租界蒲石路基地上設計西式住宅，招商投標承建，當時應繳者十餘家，各遵照規定繳納押樣費三百元，均由全某繳給收據為憑，距屆開標之際，全某突然身故，致各廠所繳押樣費，雖經迭次交涉，卒無人負責變還。此其一。今年七月間，有名笑光新者，設事務所於圓明園路一三三號三樓三一二至三一三號房間，聲言在法租界巨潑來斯路建造三層出租住宅八十三幢，招商投標，規定於七月四日前赴事務所領取圖樣，並隨繳押樣費六百元，約定同月十五日開標。而屆期竟人去樓空，該笑光新者已席捲押樣費而鴻飛冥冥矣。捕房雖在嚴緝，尚未獲案。此其二。類此之舉，固不勝臚述。又如最近法租界投標一大工程，每廠須繳押樣費三千元，投標者達二十三家，總計有六萬九千元之鉅。雖設計該工程之建築師乃建築界之使使者，信用卓著，開標後必能一律發還，自毋庸置疑，然不欲啓宵小之覬覦，以爲設計騙局之階梯乎？

且建築師工程師之收取押樣費，轉瞬即須發還，手續既繁，況代行保管，尚有發生意外之虞，亦有弊無利。要之，押樣費之原宜取消，固無置辯之可能。上海營造廠業商業公會之主張取消，故本會深表贊同。或曰：押樣費存在之理由，係防思投標者任意開帳，董建築師工程師於投標建造房屋時，深恐投標者初則競開小賬，得標後又不願承包，或投標後不將圖樣交

22391

遝，致受損失，爰規定預繳押樣數，以便於此種情形下，澄收抵償，以作消極之抵制。然此固未嘗不可另籌保證之策也。況

建築師工程師對於當地營造廠情形，必須調查明瞭，僅可於授予投標權時嚴格鑒別，認為不能勝任者即行拒絕，以免債事。

若採用預繳押樣費之習慣，則只須有繳費能力，則或明知其授造之實力不敷，亦不便拒絕，蓋得予以投標之權，而此輩廠

商為競爭工程起見，輒投濫帳，開標結果，每能得標。其時建築師工程師因事前既予以圖樣，既令其繳納手續費，而將其剔

去，不予接受，於心似有不忍。且濫帳易得業主歡意，蓋少費金錢建築同樣房屋，業主自必贊同，雖預知承造者必賠本，亦不

予聞問。致工程進行，多無良好結果。

因之，建築師工程師對於營造廠商之條件意苛，如現金擔保額之鉅，人保鋪保之信用孚實，不動產擔保之過戶等等，多

方束縛，制承包人於無動擅之餘地，而正式廠商則受黑匯淺炎。

然而，營造商人情非萬愚，瞪顧賠貼血本低首下心而接受種種苛刻條件耶？蓋尚有其他隱情在焉。夫際茲百業凋敝市況

衰落之秋，營造業自亦不能例外。資金雄厚信望素孚者，固尚能維持其固有之營業；而外表雖規模宏大舉止闊綽，實際則外

發中乾，岌岌將岌日者，亦大有人也。此輩之出入必汽車，臺築常豐富，無非欲裝飾其門面，維持其信譽耳。又以維持

不得不圖轉緩便，延岩行欵，乃不惜競開濫帳，以冀待標，藉掩內慮。況新工程進行中，需用之材料，可隨時支付少許

貸欵以提用，俾唐塞一時。此輩未嘗不知斯乃飲鴆止渴，然則無法以維目前危機之策，卒不得不出諸自絕生機之策。如最近兩

營造廠之倒閉，一營造商之逃亡，即屬實例。

專開小帳者，除上述外，尚有另一種商人，此輩初無資本，待得標後，乃覓人擔保並投貸資本。工程進行時，彼又按月

支薪，倖撈盈餘，且可分潤利益，蔚本則委諸貸本人負擔；故為彼個人利益，亦競開濫眼也。

然則建築師工程師等祇知收取手續費而不顧投標者是否確具資格，究有者何利益？曰：有損而無益。蓋建築師工程師設

計圖樣後，向業主算取之報酬額，多視造價之高低為標準，投標者競開濫眼，影響非鮮；且在投標者，因造價已低，乃多方

設法彌補，於是弊竇百出，防不勝防；稍一不慎，且涉醜累；建築師工程師於此情形，亦云苦矣。

流弊所及，整個社會為蒙其害，因濫眼之風氣既成，素所持重者亦不得不隨波逐流，籍以競獲承造權，得標後又不得不

力事克扣，以全其利。對於工人，儘量剝削，對於行商，儘量挑剔，劚至工人生活力抵落，行商將貨價增高。市場乃發生影

善，業主亦備受損害矣。

上述諸弊，僅略舉犖犖大者，然已可覘其為害之一斑，亟應設法改良也。改良之首要，厥為取消投標時之手續費及押樣費，而嚴格選別投標人之資格（業主所舉之投標人，亦應甄別。）及採取適度之標眼，即不重最低標價，而於應有造價上予承包人以一分之毛利者為合格；如是則商人既有利可圖，信用良好資力充足者乃樂予投標，估計確實標眼，慎重進行工程，各方均可蒙其利也。欲圖實現此種計劃，非主其事者建築師工程師備其廢除積弊之決心不可。

現在開估鋼骨水泥工程造價木壳子板恆不計在內，所持原因，則謂因有底貨可責應用之故；又如花賬結束後，有將總數扣除三成者；似此情形，營造廠商尚有何利可獲，安得而不陷於失敗哉？

數十年來，營造事業，於外表觀之，似頗呈進步氣象，實則不然，覺有漸趨衰落之勢。因建築商人無力設廠自造建築材料，故外貨充斥，漏巵日鉅；童工手工之教練方法較暴音未有改善，故工人程度並未提高，工作難於改良；商人營業不振，自顧不及，無暇謀及公益，故整個建築事業亦未獲進境。

欲振興建築事業，應由全體建築業者共同努力之；建築師工程師應注意營造商之利益；營造廠商亦應注意工程之良善。

一言以蔽之，則建築業之從業者，應放遠目光，以公共事業為前提，毋以私利為尾閭，庶幾整個建築事業日趨繁榮也。

22393

Cottages—Western District, Shanghai.　　　　H. J. Hajek, B. A M. A. & A. S., Architect.

西區將建之新村　　　　海傑克建築師設計

精美的二層樓美國式小住宅

羅林嘉刻玲建築師設計

曾獲得一九三一年獎賞

競賽評判員對此圖的按語：此屋佈置週到，平面圖精小合宜，尤以二層樓為最佳，顧合居住者之幸福，至於用料之簡省，尤其餘事也！

二層平面圖

22395

工程估價

第六節　五金工程

金屬之於建築，約可分作二種，即實金屬與片金屬是（Solid metal and Sheet metal）。實金屬包括生鐵柱子，鋼與熟鐵。白鐵鐵皮，紫銅皮及其他薄片金屬之產物，則屬之於片金屬。

金屬物之估價甚繁，殊難遽下斷論；蓋同一物件，其品質之差別，不下數十種。即如鉸鏈一項，須視所用原料──有鋼質，生鐵，及銅質之別──及鉸鏈之大小尺寸而判其價值；因鉸鏈之尺寸盆狹，則價值盆賤。鉸鏈狹，螺釘釘於邊口，木料極易碎裂；故鉸鏈大，則螺釘可以錯綜釘入框木，以與狹溢之鉸鏈相較，其牢脆自不可以道里計矣。

壓鋼與熟鐵之鉸鏈，亦須視其厚度與鉸鏈之脊接密度而判其優次。

求生鐵分量之法，須先知有若干立方寸生鐵，再以.26磅相乘，即可求得其重量。生鐵價值每磅約五分，此僅指工作簡易平面而論；倘因工作艱繁，則價自當稍昂。他若一物之特製成模型者，僅鑄一件與鑄百件以上，其價自較貴，此盡人皆知也。

例如有一平面鐵板，長四十七寸，潤九寸半，厚七分，欲求其重量，可以下列公式得之：

$$47 \times 9.5 \times 7 \div 8 = 391 \text{立方寸}$$

再以.26磅乘之，則其答數為101.66磅或作102磅）

設此鐵板之中間，有二十個空洞眼子，如爐底鐵板者然，每個眼子

杜彥耿

（十五續）

一寸穿心圓，其面積似為.7854方寸，因之.7854×20＝15.7立方寸×.26＝4.08磅，隨將此數在前述之數中減去。

茲將生鐵，熟鐵及鋼之重量，分述如下：

生鐵　每立方尺重四百五十磅　每立方寸重.26磅

熟鐵　每立方尺重四百八十磅　每立方寸重.28磅

鋼　每立方尺重四百九十磅　每立方寸重.28磅

根據瓊斯與拉富玲二氏（Jones and Laughlin）所算之確數，則生鐵每立方寸為.2604磅，熟鐵每立方寸.278磅，鋼每立方寸.284磅。然營造廠於估眼時，不必如此精確之小數。

茲更將鐵皮，鐵板，洋方及洋圓之重量，分別列表如後：

鐵皮每一平方尺之重量

厚度(寸)	重量(磅)	厚度(寸)	重量(磅)
1/32	1.25	5/16	12.58
1/16	2.519	3/8	15.10
3/32	3.788	7/16	17.65
1/8	5.054	1/2	2.200
5/32	6.305	9/16	22.76
3/16	7.578	5/8	25.16
7/32	8.19	3/4	30.20
1/4	10.09	7/8	35.30
9/32	11.38	1	40.40

22396

扁鐵板每一長尺之重量

（以磅為單位）

濶(吋)	厚 (吋)								
	$\frac{1}{4}$	$\frac{5}{16}$	$\frac{3}{8}$	$\frac{7}{16}$	$\frac{1}{2}$	$\frac{5}{8}$	$\frac{3}{4}$	$\frac{7}{8}$	1
1	·83	1·04	1·25	1·46	1·67	2·08	2·50	2·92	3·34
1⅛	·93	1·17	1·40	1·64	1·87	2·34	2·81	3·28	3·75
1¼	1·04	1·30	1·56	1·82	2·08	2·60	3·13	3·65	4·17
1⅜	1·14	1·43	1·72	2·00	2·29	2·87	3·44	4·01	4·59
1½	1·25	1·56	1·87	2·19	2·50	3·13	3·75	4·38	5·00
1⅝	1·35	1·69	2·03	2·37	2·71	3·39	4·07	4·70	5·43
1¾	1·46	1·82	2·19	2·55	2·92	3·65	4·38	5·11	5·84
1⅞	1·56	1·95	2·34	2·74	3·13	3·91	4·69	5·47	6·26
2	1·67	2·08	2·50	2·92	3·34	4·17	5·01	5·86	6·68
2⅛	1·77	2·21	2·66	3·10	3·55	4·43	5·32	6·21	7·10
2¼	1·87	2·34	2·81	3·28	3·76	4·69	5·63	6·57	7·52
2⅜	1·98	2·47	2·97	3·47	3·96	4·95	5·95	6·94	7·93
2½	2·08	2·60	3·13	3·65	4·17	5·21	6·26	7·30	8·35
2⅝	2·19	2·74	3·28	3·83	4·38	5·47	6·57	7·67	8·77
2¾	2·29	2·87	3·44	4·01	4·59	5·74	6·88	8·03	9·18
2⅞	2·40	3·00	3·60	4·20	4·80	6·00	7·20	8·40	9·60
3	2·50	3·13	3·75	4·38	5·01	6·26	7·51	8·76	10·02
3¼	2·71	3·39	4·07	4·74	5·43	6·78	8·14	9·49	10·86
3½	2·92	3·65	4·38	5·11	5·84	7·30	8·76	10·23	11·69
3¾	3·13	3·91	4·68	5·47	6·26	7·82	9·39	10·95	12·52
4	3·34	4·17	5·00	5·84	6·68	8·35	10·02	11·69	13·36
4¼	3·54	4·43	5·32	6·21	7·09	8·87	10·64	12·42	14·19
4½	3·75	4·69	5·63	6·57	7·51	9·39	11·27	13·15	15·03
4¾	3·96	4·95	5·94	6·94	7·93	9·91	11·89	13·88	15·86
5	4·17	5·21	6·26	7·30	8·35	10·44	12·52	14·61	16·70
5¼	4·38	5·47	6·57	7·67	8·76	10·96	13·14	15·34	17·53
5½	4·59	5·73	6·88	8·03	9·18	11·48	13·77	16·07	18·37
5¾	4·80	6·00	7·20	8·40	9·60	12·00	14·40	16·80	19·20
6	5·01	6·25	7·51	8·76	10·02	12·53	15·03	17·53	20·05

22397

洋方洋圓每一長尺之重量

(以磅為單位)

直徑或邊長	方鐵條	圓鐵條	濶或直徑(吋)	方鐵條	圓鐵條	濶或直徑(吋)	方鐵條	圓鐵條
¼	·209	·164	1	5·25	4·09	3	30·07	23·60
⁵⁄₁₆	·326	·256	1⅛	6·35	4·96	3¼	35·28	27·70
⅜	·470	·369	1½	7·51	5·90	3½	40·91	32·13
⁷⁄₁₆	·640	·502	1⅝	8·82	6·92	3¾	46·97	36·89
½	·835	·656	1¾	10·29	8·03	4	53·44	41·97
⁹⁄₁₆	1·057	·831	1⅞	11·74	9·22	4¼	60·32	47·38
⅝	1·305	1·025	2	13·36	10·49	4½	67·63	53·12
¹¹⁄₁₆	1·579	1·241	2⅛	15·08	11·84	4¾	75·35	59·18
¾	1·879	1·476	2¼	16·91	13·27	5	83·51	65·58
¹³⁄₁₆	2·205	1·732	2⅜	18·84	14·79	5¼	92·46	72·30
⅞	2·556	2·011	2½	20·87	16·39	5½	101·03	79·35
¹⁵⁄₁₆	2·936	2·306	2⅝	23·11	18·07	5¾	110·43	86·73
1	3·34	2·62	2¾	25·26	19·84	6	120·24	94·43
1⅛	4·22	3·32	2⅞	27·61	21·68	—	—	—

把表內的數目乘·93為生鐵的重量,乘1·02為鋼,乘1·09為紫銅,乘1·15為黃銅,乘1·47為鉛,乘·92為鋅。

22398

金屬片每平方呎重量

厚度：量鐵標準

量鐵標準	鐵	鋼	銅	黃銅	量鐵標準	鐵	鋼	銅	黃銅
1	12·00	12·48	13·68	13·11	16	2·56	2·66	2·92	2·80
2	11·04	11·48	12·59	12·06	17	2·24	2·33	2·55	2·45
3	10·08	10·48	11·49	11·01	18	1·92	2·00	2·19	2·10
4	9·28	9·65	10·60	10·14	19	1·60	1·66	1·82	1·75
5	8·48	8·82	9·67	9·26	20	1·44	1·50	1·64	1·57
6	7·68	7·99	8·76	8·39	21	1·28	1·33	1·46	1·40
7	7·04	7·32	8·03	7·69	22	1·12	1·16	1·28	1·22
8	6·40	6·66	7·30	6·99	23	0·96	1·00	1·09	1·05
9	5·76	5·99	6·57	6·29	24	0·88	0·92	1·00	0·96
10	5·12	5·32	5·84	5·59	25	0·80	0·83	0·91	0·87
11	4·64	4·83	5·29	5·07	26	0·72	0·75	0·82	0·79
12	4·16	4·33	4·74	4·54	27	·656	·682	·748	·717
13	3·68	3·83	4·20	4·02	28	·592	·616	·675	·647
14	3·20	3·33	3·65	3·50	29	·544	·566	·620	·594
15	2·88	3·00	3·28	3·15	30	·496	·516	·565	·542

（待續）

註：表內之"銅"亦作"紫銅"。

建築材料價目表
磚　瓦　類

貨　　名	商　　號	大　　　小	數量	價　　目	備　　註
空　心　磚	大中磚瓦公司	12″×12″×10″	每千	$250.00	車挑力在外
″　″　″	″　″　″　″	12″×12″×9″	″　″	230.00	
″　″　″	″　″　″　″	12″×12″×8″	″　″	200.00	
″　″　″	″　″　″　″	12″×12″×6″	″　″	150.00	
″　″　″	″　″　″　″	12″×12″×4″	″　″	100.00	
″　″　″	″　″　″　″	12″×12″×3″	″　″	80.00	
″　″　″	″　″　″　″	9¼″×9¼″×6″	″　″	80.00	
″　″　″	″　″　″　″	9¼″×9¼″×4½″	″　″	65.00	
″　″　″	″　″　″　″	9¼″×9¼″×3″	″　″	50.00	
″　″　″	″　″　″　″	9¼″×4½″×4½″	″　″	40.00	
″　″　″	″　″　″　″	9¼″×4½″×3″	″　″	24.00	
″　″　″	″　″　″　″	9¼″×4½″×2½″	″　″	23.00	
″　″　″	″　″　″　″	9¼″×4½″×2″	″　″	22.00	
實　心　磚	″　″　″　″	8½″×4⅛″×2½″	″　″	14.00	
″　″　″	″　″　″　″	10″×4⅞″×2″	″　″	13.30	
″　″　″	″　″　″　″	9″×4⅜″×2″	″　″	11.20	
″　″　″	″　″　″　″	9″×4⅜″×2¼″	″　″	12.60	
大　中　瓦	″　″　″　″	15″×9½″	″　″	63.00	運至營造場地
西班牙瓦	″　″　″　″	16″×5½″	″　″	52.00	″　″
英國式灣瓦	″　″　″　″	11″×6½″	″　″	40.00	″　″
脊　　瓦	″　″　″　″	18″×8″	″　″	126.00	″　″

鋼　條　類

貨　　名	商　　號	標　　記	數量	價　　目	備　　註
鋼　　條		四十尺二分光圓	每噸	一百十八元	德國或比國貨
″　″		四十尺二分半光圓	″　″	一百十八元	″　″　″
″　″		四二尺三分光圓	″　″	一百十八元	″　″　″
″　″		四十尺三分圓竹節	″　″	一百十六元	″　″　″
″　″		四十尺普通花色	″　″	一百〇七元	鋼條自四分至一寸方或圓
″　″		盤　圓　絲	每市擔	四元六角	

22400

五　金　類

貨　　名	商　號　標　記	數量	價　目	備　　註
二二號英白鐵		每　箱	五十八元八角	每箱廿一張重四〇二斤
二四號英白鐵		每　箱	五十八元八角	每箱廿五張重量同上
二六號英白鐵		每　箱	六　十　三　元	每箱卅三張重量同上
二八號英白鐵		每　箱	六十七元二角	每箱廿一張重量同上
二二號英瓦鐵		每　箱	五十八元八角	每箱廿五張重量同上
二四號英瓦鐵		每　箱	五十八元八角	每箱卅三張重量同上
二六號英瓦鐵		每、箱	六　十　三　元	每箱卅八張重量同上
二八號英瓦鐵		每　箱	六十七元二角	每箱廿一張重量同上
二二號美白鐵		每　箱	六十九元三角	每箱廿五張重量同上
二四號美白鐵		每　箱	六十九元三角	每箱卅三張重量同上
二六號美白鐵		每　箱	七十三元五角	每箱卅八張重量同上
二八號美白鐵		每　箱	七十七元七角	每箱卅八張重量同上
美　方　釘		每　桶	十六元〇九分	
平　頭　釘		每　桶	十六元八角	
中國貨元釘		每　桶	六　元　五　角	
五方帋牛毛毡		每　捲	二　元　八　角	
半號牛毛毡	馬　　牌	每　捲	二　元　八　角	
一號牛毛毡	馬　　牌	每　捲	三　元　九　角	
二號牛毛毡	馬　　牌	每　捲	五　元　一　角	
三號牛毛毡	馬　　牌	每　捲	七　　元	
鋼　絲　網	2 7″ × 9 6″ 2¼lb.	每　方	四　　元	德國或美國貨
″　　″　　″	2 7″ × 9 6″ 3lb.rib	每　方	十　　元	″　　″　　″
鋼　版　網	8′ × 12′ 六分一寸半眼	每　張	三　十　四　元	
水　落　鐵	六　　分	每千尺	四　十　五　元	每根長廿尺
牆　角　線		每千尺	九　十　五　元	每根長十二尺
踏　步　鐵		每千尺	五　十　五　元	每根長十尺或十二尺
鉛　絲　布		每　捲	二　十　三　元	闊三尺長一百尺
綠　鉛　紗		每　捲	十　七　元	″　　″　　″
銅　絲　布		每　捲	四　十　元	″　　″　　″
洋門套鎖		每　打	十　六　元	中國鎖廠出品 黃銅或古銅色

22401

貨　名	商　號	標　記	數量	價　格	備　註
洋門蕊鎖			每打	十八元	德國或美國貨
彈弓門鎖			每打	三十元	中國鎖廠出品
″ ″ ″			每打	五十元	外貨

木　材　類

貨　名	商　號	說　明	數量	價　格	備　註
洋松	上海市同業公會公議價目	八尺至卅二尺再長照加	每千尺	洋八十四元	
一寸洋松	″ ″ ″		″ ″	″ 八十六元	
寸半洋松	″ ″ ″		″ ″	八十七元	
洋松二寸光板	″ ″ ″		″ ″	六十六元	
四尺洋松條子	″ ″ ″		每萬根	一百二十五元	
一寸四寸洋松一號企口板	″ ″ ″		每千尺	一百〇五元	
一寸四寸洋松副號企口板	″ ″ ″		″ ″	八十八元	
一寸四寸洋松二號企口板	″ ″ ″		″ ″	七十六元	
一寸六寸洋松一頭號企口板	″ ″ ″		″ ″	一百十元	
一寸六寸洋松副頭號企口板	″ ″ ″		″ ″	九十元	
一寸六寸洋松二號企口板	″ ″ ″		″ ″	七十八元	
一二五四寸一號洋松企口板	″ ″ ″		″ ″	一百三十五元	
一二五四寸二號洋松企口板	″ ″ ″		″ ″	九十七元	
一二五六寸一號洋松企口板	″ ″ ″		″ ″	一百五十元	
一二五六寸二號洋松企口板	″ ″ ″		″ ″	一百十元	
柚木（頭號）	″ ″ ″	僧帽牌	″ ″	五百三十元	
柚木（甲種）	″ ″ ″	龍牌	″ ″	四百五十元	
柚木（乙種）	″ ″ ″	″ ″	″ ″	四百二十元	
柚木段	″ ″ ″	″	″ ″	三百五十元	
硬木	″ ″ ″		″ ″	二百元	
硬木（火介方）	″ ″ ″		″ ″	一百五十元	
柳安	″ ″ ″		″ ″	一百八十元	
紅板	″ ″ ″		″ ″	一百〇五元	
抄板	″ ″ ″		″ ″	一百四十元	
十二尺三寸六八皖松	″ ″ ″		″ ″	六十五元	
十二尺二寸皖松	″ ″ ″		″ ″	六十五元	

22402

貨　　　名	商　　號	說　　明	數量	價　　格	備　　註
一二五四寸柳安企口板	上海市同業公會公議價目		每千尺	一百八十五元	
一寸六寸柳安企口板	″　″　″		″　″	一百八十五元	
二寸一分建松片	″　″　″		″　″	六十元	
一丈字印建松板	″　″　″		每丈	三元五角	
一丈足建松板	″　″　″		″　″	五元五角	
八尺寸甌松板	″　″　″		″　″	四元	
一寸六寸一號甌松板	″　″　″		每千尺	五十元	
一寸六寸二號甌松板	″　″　″		″　″	四十五元	
八尺機鋸杭松板	″　″　″		每丈	二元	
九尺機鋸甌松板	″　″　″		″　″	一元八角	
八尺足寸皖松板	″　″　″		″　″	四元六角	
一丈皖松板	″　″　″		″　″	五元五角	
八尺六分皖松板	″　″　″		″　″	三元六角	
台松板	″　″　″		″　″	四元	
九尺八分坦戶板	″　″　″		″　″	一元二角	
九尺五分坦戶板	″　″　″		″　″	一元	
八尺六分紅柳板	″　″　″		″　″	二元二角	
七尺俄松板	″　″　″		″　″	一元九角	
八尺俄松板	″　″　″		″　″	二元一角	
九尺坦戶板	″　″　″		″　″	一元四角	
六分一寸俄紅松板	″　″　″		每千尺	七十三元	
六分一寸俄白松板	″　″　″		″　″	七十一元	
一寸二分四寸俄紅松板	″　″　″		″　″	六十九元	
俄紅松方	″　″　″		″　″	六十九元	
一寸四寸俄紅白松企口板	″　″　″		″　″	七十四元	
一寸六寸俄紅白松企口板	″　″　″		″　″	七十四元	

水　泥　類

貨　　　名	商　　號	標　　記	數量	價　　目	備　　註
水　泥		象　　牌	每桶	六元三角	
水　泥		泰　　山	每桶	六元二角半	
水　泥		馬　　牌	″　″	六元二角	

22403

貨　名	商　號	標　記	數　□	價　目	備　註
水　泥		英國 "Atlas"	,,　,,	三十二元	
白　水　泥		法國麒麟牌	,,　,,	二十八元	
白　水　泥		意國紅獅牌	,,　,,	二十七元	

油　漆　類

貨　名	商　號	數　量	價　格	備　註
各色經濟厚漆	元壘公司	每桶（廿八磅）	洋二元八角	分紅黃藍白黑灰綠綜八色
快性亮油	,,　,,　,,	每桶（五介侖）	洋十二元九角	
燥　頭	,,　,,　,,	,,　,,（七磅）	洋一元八角	
經濟調合漆	,,　,,　,,	,,（五十六磅）	洋十三元九角	色同經濟厚漆
頂上白厚漆	,,　,,　,,	每桶（廿八磅）	洋十一元	
上白磁漆	,,　,,　,,	,,　,,（二介侖）	洋十三元五角	
上白調合漆	,,　,,　,,	,,　,,（五介侖）	洋三十四元	
淺色魚油	,,　,,　,,	,,　,,（六介侖）	洋十六元五角	
三燥光油	,,　,,　,,	,,　,,　,,	洋二十五元	
樣黃釉	,,　,,　,,	,,　,,（二介侖）	洋七元五角	
柚木釉	,,　,,　,,	,,　,,（二介侖）	,,　,,　,,	
花利釉	,,　,,　,,	,,　,,（二介侖）	,,　?　,,　,,	
平光磁漆	,,　,,　,,	,,　,,（二介侖）	洋十四元	色分純白淺紅淺綠淺藍
紅丹油屋頂紅 銅窗李	,,　,,　,,	五十六磅裝	洋十九元五角	
銅窗 灰綠	,,　,,　,,	,,　,,　,,	洋二十一元五角	
松香水	,,　,,　,,	五介侖裝	洋八元	
清黑凡宜水	,,　,,　,,	二介侖 五介侖	洋七元 洋十七元	
水汀金銀漆	,,　,,　,,	二介侖裝	洋二十一元	
發彩油	,,　,,　,,	一磅裝	洋一元四角五分	分紅黃藍白黑五種
朱紅磁漆	,,　,,　,,	二介侖裝	洋二十三元五角	
純黑磁漆	,,　,,　,,	,,　,,　,,	洋十三元	
上綠調合漆	,,　,,　,,	五介侖裝	洋三十四元	

22404

北平市溝渠建設設計綱要

杜 彥 耿

一　序言

溝渠為市政建設之基幹，為市政建設之脈絡。道路藉溝渠之排水，路基始得穩固，路面始免沖毀，是以道路與溝渠，為市政上不可分離之建設，須相輔而行者也。惟道路與溝渠在設計上有截然不同之點在○即道路可就目前需要之程度以定其路面之寬度，他日交通增繁，可隨時就路傍預置之空地展寬。惟道路與溝渠在設計上有截然不同之點在是，若僅就目前建築狀況及一區域之水量而建造，則將來再本區建築增多或鄰區安設溝渠假此區以排水時，則原設溝管必難容納，另改較大溝管，則昔日所埋設者，費工挖出，大半拆毀，不能用，投資化為烏有，此誠市政建設上之一種浪費，為市政工程上所應竭力避免者也。故溝渠創辦之初，雖可就市民需要及財力所及，舉局部建設，雖為局部之小規模建設，但設計時必須高瞻遠矚，以適應市內溝渠全部完成後之情況。如此則脫胎於整個計劃中之辦局部之小工程，亦可永為市產之一部，永為市民所利用，不致中途廢棄，以為局部建設變為一種無益之消耗也。

根據以上所論，雖在市財政尚未充裕之時，亦應先行草擬全市溝渠建設之整個計劃，使建設投資變為一種無益之消耗也。惟全市溝渠整個計劃，非有精確之測量，縝密之研究，難期完善。北平為已臻發育成長之城市，市民習慣及已成建設，均須顧及，而響適應利用之策，故尤須有詳確之調查及各項預備工作，方克着手設計。但設計所依據之基本原則，基本數字及基本公式，須先行討論研究，經專家之審定後，以為擬定整個計劃之所根據。此本設計綱要之所由起草也。

二　舊溝渠現狀

北平市舊溝渠之建築時期，已不可考，傳稱完成於明代，迄今已有數百年之歷史。內城分五大幹渠，由北南流，皆以前一門護城河為總匯，內城幹渠之最大者為大明濠（即南北溝沿）與御河（即沿東皇城根之河道）。現除御河北段外，均改為暗溝。什刹海匯集內城北部之水導入三海。西四南北大街與東四南北大街各有暗溝二道，惟出口口淤塞。外城之水大部匯集於龍鬚溝，流入城南護城河，龍鬚溝西段現亦改成暗渠。據北平市內外城溝渠形勢圖而論，幹支各溝，脈絡貫通，似甚完密，實則溝綫宛延曲折，甚少與路綫平行；且曩時市民築房，漫無限制，致多數溝渠壓置市民房屋之下，難於尋覓。溝之構造均為磚砌，作長方形，上覆石板溝蓋，無人孔，滲漏性甚大，小壘之水洩入溝中，常不抵出口，即已滲盡，掏挖時須刨掘地面，揭起石蓋，方可工作。現大部溝渠或淤塞不通，或供少數住戶之傾洩污水，雨水

22405

則多由路面或邊溝流入幹渠。此項完全用以宣洩雨水，迨後生活提高，市民污水漸感有設法排除之必要，遂多自動安設污水管接通街溝，近年本市工務局爲便利市民並費限制計，代爲住戶安裝溝管，而舊溝渠之爲用途成污水雨水合流矣。舊溝渠淤塞之病，由來已久，歷年雖有溝工隊專司掏挖，然人數既少（僅百餘人）又無整個計畫，此通彼塞，無濟於事，蓋積病已深，非支節掏挖之所能收效也。

三　溝渠系統

溝渠之爲用，可大別爲二：（一）排除工廠及市民家屋（廚房浴室厠所）中之污水。污水含有多量之污穢物及微菌，終年流洩，不稍間斷，故須設管導引至市外遠處，經過清理手續，再洩入江湖或海洋中。此種污水流量無多，且無陡增陡減之現象，故清理之工作雖繁，所需以導引之管徑則小。雨水之流量管數百倍於污水，設管導引，所需之管徑極大，但污穢較少，不必清理，即可洩入市內之河流池沼。污水與雨水之質與量，既有如上所述之不同，溝渠之系統途有「分流制」與「合流制」之區別：分流制爲一街之中分設雨水污水兩種溝渠，各成系統，不相混亂，適宜於舊城市已設雨水溝渠設備之區域，及雨水易於排出之處，無須設大規模之雨水溝渠系統以導引者。此法多數市街可單設污水管，雨水則藉明溝或短距離之暗渠以流洩至雨水幹渠或逕達消納雨水之處。此種分流制度之優點，以污水流量較少，所需導引之管徑亦小，用機器排除，亦較簡易，大雨時因與雨水分管而流，無雨水過多，倒灌室內之弊。故各國城市多採用之。合流制爲雨水與污水同在一混合管內流出，適宜於新闢市街，污水雨水需同時設管導引或同需機器抽送者。此法一街之中僅設一道混合管，開辦既較同時安設兩管爲省，而平時維持費亦較分流制爲低也。

　　北平市舊溝渠現況，污水與雨水混流，似爲合流制，然此種現象之造成，實因本市人口增加，生活提高，新式浴室厠所日多，無污水溝渠以消納污水，于是洩入舊溝，而現成今日無溝不臭之現狀，不可據以認爲污水混流於雨水溝內爲合理，而斷定本市溝渠爲合流制也。

　　新式雨水溝渠不適於宣洩污水爲盡人皆知之事實，而本市之舊式雨水溝渠，不適於污水之流洩，其理由更爲顯著？因溝底不平，坡度過小，污水入內，幾不流動，與其名爲溝渠，勿寧視作淺坑，附近井水，莫不被溝內溢下之污水所濁，因而病菌繁殖，侵害市民，此本市舊溝渠不適於合流制之最大理由也。

　　本市溝渠系統應採何制？舊溝之不能用以合流雨水，已如上述，即本市將來建設新式溝渠，亦不能用合流制而應採分流制，其理由有五：（1）分流制之水管可用圓形管，合流制之水管則多用蛋形（下窄之橢圓）管，因圓管水滿時流速大，水淺時流速小，故流大量之雨水或少量之污水流過時發生沉澱；蛋形管則無論污水之多寡，水深與水面寬度，常爲一不變之比，流速無忽大忽小之弊，故流大量之雨水或少量之污

22406

、皆不致發生沉澱。惟此種蛋形管，管身既高，且下端又窄，所需以埋設之溝必深，而本市地勢平坦，不易得一適當之坡度，且土質鬆軟，安設此種溝管，不特所費過鉅，且工事進行亦甚困難，此本市不能用合流制而應採用分流制之理由一也。（2）什刹海三海及內外城之護城河皆可用以宣洩雨水，而不能任污水流入，以臭化全市，此污水雨水應分道宣洩而採用分流制之理由二也。（3）本市舊溝渠雖不適于運除污水，若加以改良疏濬，大部分尚可用以宣洩雨水，利用舊設，為最經濟之市政計畫，此本市溝渠應採分流制之理由三也。（4）市民生活程度漸高，衛生設備日增，現擴自來水公司之報告，排除今日積潦，每月有百戶之多，近年來全市水量消費亦日增，因而時感不敷供給。全市之穢水池皆苦宣洩不及，穢水洋溢於外。前三門護城河中污水奔流而下，為量可驚。由以上三點而論，本市之污水排洩問題因已日趨嚴重，自應另行籌設全市之新式污水溝渠，自成系統，與雨水溝不相混亂，專用以排除全市污穢，此不僅現時市民之衛生狀況因以改善，且可一勞永逸，樹市政建設之百年大計，此本市溝渠應採分流制之理由四也。（5）污水量少，所需之溝管直徑亦小，約自二百公厘（八吋）至六百公厘（二十四吋），故建設費所需較少，粗估第一期工程費約為一百四十萬元（詳見北平市污水溝渠切期建設計劃），初期建設完成後，雖不能逐戶安設專用之污水管，但利用新式穢水池稍納多數住戶污水之效力，則今日污濁橫流，穢水潑街之現象，當可免除。此就建設經濟而言，本市應採分流制之理由五也。

根據以上之討論，本市之溝渠系統問題可得一合理之解決，即改良舊溝以宣洩雨水，建設新渠以排除污水，即所謂分流制者是也。此不僅為理論上探討之結論，亦本市實際情況所需要，且為比較經濟之市政建設計劃也。

四　舊溝渠之整理

欲整理本市舊溝渠，須先明瞭舊溝渠弊端之所在。本市之舊溝渠，其弊有五：（一）全市排水均以環繞內外兩城之護城河為總匯，而以二閘為洩出之尾閭。但二閘以上，多年未加疏濬，河身淤淺，且有較溝底為高之處，以致水流不暢。大雨時洩水過緩，遂有路面積水，溝渠淤塞之病。（二）支渠斷面過小，不足容納路面及宅院排出之水。（三）溝渠坡度太小，多數均不及千分之一，直如一水平之槽溝，非雨水注滿，水不流動，即或流動，速度不足，不能攜泥沙以同流，易致沉澱，故溝常淤塞。（四）本市柏油路不多，土路及石渣路面上之雨水，常攜多量之泥沙，沖積溝內。（五）污水藉舊溝流洩，不獨有第三節所述之各種弊害，且溝中常存積污水，大雨時則洋溢於外。（四）（五）兩項可藉道路之鋪修，污水暗渠之建設，以免除之。（一）（二）（三）三項乃溝渠本身之已成事實，設局部支節挖濬，一年之後，又復淤塞，非一勞永逸之計，徒耗財力。為謀澈底改善，茲擬定整理之大綱如下：

（一）護城河之疏濬　護城河源始於玉泉山麓，至城西北之高梁橋以東，分為二道，環繞內外兩城，終復匯流於二閘，成為通惠

22407

河之上流。二閘以下是否淤塞，尚待調查，但以二閘上下流高度之差觀之，（二閘上下流河底之差為三•四公尺，相

差尚有一•四公尺）即二閘以下不加導治，於上流之洩水，亦無妨礙。高梁橋以上，雖亦淤塞，但於本市溝渠之整理，關係尚小，茲不備

論，故亟需疏濬者，為環繞內外城及貫通三海之一段，而尤以前三門護城河為最要，以其為內外兩城洩水之惟一幹渠也。疏濬之次序應

斟酌緩急，分為五期進行。

第一期　前三門護城河（自西便門至二閘一段）

第二期　西城護城河（自高梁橋至西便門一段）

第三期　什刹海及三海水道

第四期　外城護城河（自西便門環繞外城至東便門一段）

第五期　東城北城護城河（自高梁橋至東便門一段）

（二）舊溝渠之整理　本市各街溝渠淤塞已久，位置在市民房屋之下者有之，湮沒無從尋覓者亦有之，皆淤積過甚，非支節挖濬

之所能濟事。設一區之幹溝挖通，支渠未治，大雨後各支渠淤積之污穢泥沙順流而下，已挖濬者有重被塔塞之虞。反是若支渠疏通，幹渠

不治，則水流遲緩，仍難免巨量之沉澱。故擬探分區分期疏濬辦法，就全市地勢高低之所趨及各幹溝分布之情形，分為若干排洩區，每區

之疏濬整理必須於一個時期內完成之。舊溝渠之斷面過小坡度過平者，則設法縮短其洩水路程，以期於可能範圍內充其量以利用之。其實

不堪應用者，則另行籌設新式雨水暗渠。如此分期進行，市庫不致担負過重，且可一勞永逸，不數年間，全市溝渠可望無淤塞或排洩不暢

之繁矣。

按本市舊溝渠系統迄今尚無詳確調查，工務局雖有一萬七千五百分之一之溝渠形勢圖，及十八年份工務特刊中之內外城暗溝一覽表，

但此項圖表僅表示流水方向，溝渠寬深及長度。溝渠之位置及坡度則未詳載，故可供參考之價值甚微。且圖中所示已疏濬之一部，有壓佔

於市民房屋之下者，（如燈市口等處）有僅為穢水池洩水之用，雨水則另藉明溝或路邊以排洩者（如西安門大街等處）。故全市溝渠中究

有若干尚可利用，若干須另設新工作，若干須另設新溝，以及疏濬舊溝渠與另設新溝渠經濟上之比較，均無由着手，整理工程之概算，亦無從估計。故詳確之

測量調查實為整理舊溝渠之基本工作，而須首先着手進行者也。

（三）雨水溝渠流量計算法　（即整理舊溝渠用作根據）雨水流量之計算擬採用準理推算法（Rational method），此法較用

其他各種實驗公式（Empirical Formulas）為宜，因後者係就歐美各城市之經驗而定，各國各市之情況且各不同，本市強予採用，有削足

22408

$$Q = ciA$$

Q為每秒鐘流量之立方呎數，c為洩水係數，(Coef. of Rain-off)，i為降雨率，(Intencity of Rain-fall)每小時之吋數，A為集水區域之类畝數。其中之ci可規定如下

(1)降雨率(i) 降雨率在本公式中須視雨量大小，降雨時間(Duration of Rainfall)之久暫，及降雨集水時間(Time of Concentration)之長短而定。本市降雨量無長久精確記載，北平研究院雖有自民國三年至二十一年之最大雨量，但記錄中最大降雨率(民國三年)每小時僅三七‧二公厘，清華大學本年(二十二年)之雨量記錄最大為每小時四四‧五公厘，清華所用者為新式之自勤雨量計，北平研究院所用者為普通標準雨量計，由所用方法上比較，則前者所得結果自較後者為準確，且本年(二十二年)之降雨量不為過大；而清華之記錄即達每小時四四‧五公厘，由此可證明研究院之每小時三七‧二公厘之記錄，不足憑信。清華大學亦僅有二年(民國二十一年及二十二年)之雨量記錄，亦難用為設計之標準。華北各城市之雨量記錄可供參考者甚少，青島之雨量記錄年限稍久，但僅有每小時之最大雨量測驗表，降雨時間，亦無記載。青島溝渠設計所用之最大降雨量為六二‧六公厘(二‧四六吋)，本市大陸氣候，全年降雨總量雖不甚大，降雨時間則不能斷定其小於青島(據翁丁二氏合著之中國分省新圖中之全年平均等雨量區域圖，北平與青島之全年平均雨量均為六○○公厘至八○○公厘)，因夏季多驟雨故也。據此暫假定本市之最大雨量為每小時六十五公厘(二‧五吋)，似較為合理。再本市多舊式瓦房，路面坡度又甚小，降雨集水時間(t)當稍長，設一切溝渠均按照假定之最大降雨率設計，殊不經濟。然本市之降雨率及降雨時間既無記載，上海市雖有五年十年之降雨率統計加以比較，擬採用梅耶氏(Meyer)公式第三組之「降雨率五年循環方程式」：

$$i = \frac{122}{t+18}$$

為本市設計之標準，而最大以每小時六十五公厘為限，即降雨集水時間在三十分鐘(t等於三十分鐘時，i等於六十五公厘。)以上者用方程式，在三十分鐘以下者用假定之最大降雨率。

(2)洩水係數(c) 進水時間(Inlet time)按十五分鐘計算

與地質，地形，房頂之疏密，街道之構造，及地上之植物均有關係。此等係數有從平日實驗而得者，有根據

22409

情況相近之城市已有之記載而定者，茲限於時日，採用第二法。本市繁盛區域，多爲四合房（即四面建房，中留空地），房頂與房地全面積之比爲四：五，道路面積與房地面積之比約爲一：五，（本市街寬至無規律，同爲繁盛區，王府井大街及西單牌樓街寬二十餘公尺，大柵欄鮮魚口等處街寬不過八公尺，計算時須按照各街實況斟酌變更），道路假定爲瀝青路面，屋頂爲普通中國死鋪成，院地爲磚砌或土地，準此情形，列爲下表：

（甲）汚水係數表

承雨面積種類	道路	屋頂	院地	總計
面積百分數（R）	二〇	六四	一六	一〇〇
汚水係數（C）	〇・八五	〇・九	〇・五	
R×C	一七・〇	五七・六	八・〇	八二・六

（乙）汚水係數表

承雨面積種類	道路	屋頂	院地	總計
面積百分數（R）	一五	三五	五〇	一〇〇
汚水係數（C）	〇・五	〇・九	〇・二	
R×C	七・五	三一・五	一〇・〇	四九・〇

住宅區域，道路多爲石渣路或土路，院地較大，空間處且種種草木，汚水自少，如次表：

由甲乙二表可定繁盛區域汚水係數爲〇・八三，住宅區汚水係數爲〇・四九，此項數字係一假定之例，設計時須就市內各處實際情況酌爲變更。

（五）汚水溝渠之建設

本市原無汚水溝渠，設計時得因地勢之宜，作統盤之計劃，而無所遷就顧忌。惟汚水溝渠之運用，有需於自來水之輔助，本市自來水設備，尚未普遍，市民大多數取用井水，取之不易，用之惟儉，恐汚穢難得充量之水以冲刷溶解，溝渠內難免有過量之沉澱。然此自爲初設時之現象，將來市政進展，自來水飲用普及，此弊自免。

（一）汚水出口之選擇

選擇之標準，須（1）地勢低下，（2）旁近湖泊或河流，（3）須距市區稍遠。本市地勢，西北凸起，東南趨下，最大水流爲護城河匯集而東之通惠河，該河二閘附近，遠在郊外，人煙不密，地勢較低，以作汚水出口，尚稱合宜。惟河狹流細，恐不足冲淡氧化巨量之汚水，故須於總出口附近，設總清理廠，於汚水洩出前清理之。

（二）汚水排洩之劃分

本市地勢不坦，土質鬆軟，設路面掘槽過深，不獨工勞費鉅，濘礙交通，且恐損及兩旁房屋。多季氣候嚴寒，汚水管敷設過淺，則有凍結之虞。故假定管頂距路面之深度最少以一公尺爲限，最多以四公尺爲限，幹管坡度最小千分之一，支管坡度最小千分之三，準此劃分汚水排洩區如下：

第一區　內城東部，鐵獅子胡同以南三海以東之區域，幹管設南北小街，遠達於二閘之總清運廠。

（待續）

22410

預　　定

全 年	十 二 冊	大 洋 伍 元
郵 費	本埠每冊二分,全年二角四分;外埠每冊五分,全年六角;國外另定	
優 待	同時定閱二份以上者,定費九折計算。	

建　築　月　刊
第 二 卷 · 第 七 號

中華民國二十三年七月份出版

編輯者　　上海市建築協會
　　　　　南 京 路 大 陸 商 場

發行者　　上海市建築協會
　　　　　南 京 路 大 陸 商 場

　　　　　電 話　九 二 〇 九

印刷者　　新 光 印 書 館
　　　　　上海貞母院路聖達里三一號

　　　　　電 話　七 四 六 三 五

投　稿　簡　章

1. 本刊所列各門,皆歡迎投稿。翻譯創作均可,文言白話不拘。須加新式標點符號。譯作附寄原文,如原文不便附寄,應詳細註明原文書名,出版時日地點。

2. 一經揭載,贈閱本刊或酌酬現金,撰文每千字一元至五元;譯文每千字半元至三元。重要著作特別優待。投稿人却酬者聽。

3. 來稿本刊編輯有權增删,不願增删者,須先聲明。

4. 來稿概不退還,預先聲明者不在此例,惟須附足寄還之郵費。

5. 抄襲之作:取消酬贈。

6. 稿寄上海南京路大陸商場六二〇號本刊編輯部。

22412

SING HOP KEE
GENERAL BUILDING CONTRACTORS
廠 造 營 記 合 新

For the
YUE TUCK APARTMENTS BUILDING
ON TIFENG ROAD

Davies, Brooke & Gran, Architects.

路豐地⋯⋯⋯寓公德懿
計設行洋和瑞新

OFFICE: LANE 688, House No. 3 PEKING ROAD
TELEPHONE 93156
號三弄八八六第路京北——處事辦
六五一三九——話電

22414

陶桂記營造廠

上海成都路一四〇弄第二七號

電話三二四九三

本廠最近承造工程之一
十八層樓高之
中國通商銀行新屋
江西路福州路角　新瑞和洋行設計

本	承	大	鋼	工	橋	岸	經	工	如	無
廠	造	小	骨	程	梁	等	驗	作	蒙	任
專	一	建	水	及	廠	無	豐	認	委	歡
門	切	築	泥	房	塢	不	富	眞	辦	迎

DOE KWEI KEE

GENERAL BUILDING CONTRACTOR

Passage 140, house No, 27 Chengtu Road, Shanghai.

TELEPHONE 32493

22417

22418

22422

瑞昌五金廠

銅鐵五金

承辦建築一切銅鐵工程

常備大批新式異樣堅固門鎖

22423

英商吉星洋行

建築上之用
各種油漆及凡立水

偉大之建築。內部之壯觀。仰油漆之裝璜者。十居其九。惟欲求良佳成績。則須採用適當油漆。此點建築界恆視為極重要之問題。敝行為世界最大油漆製造廠。凡建築上所用之油漆，磁漆，水艌粉，木光油，凡立水，以及各種理想中之新式油漆。莫不經驗宏富。研究精到。可稱並世無匹。凡此種種材料。分為次第等級。便於選擇。價格低廉。無論數量多寡。承蒙通知。立即發奉。請察下列種種用法！

刷法 流法 浸法 滾法 噴法 乾法

敝行之研究化驗室。當為建築界解決種種特別油漆問題。不一而足。此種隨事應付之能力。隨時可以為君服務。請即將君之困難問題寄至下列地址。以便研究奉覆也。

英商吉星洋行油漆服務部
上海九江路六號 電話一六〇一二至三
香港 —— 上海 —— 天津

22424

The BUILDER

建築月刊

VOL. 2 NO.

第二卷第八期

天安門外華表

東方文明

大中機製磚瓦股份有限公司

製造廠浦東南匯縣下沙鎮

本公司因鑒於建築事業日新月異 材料選擇尤關重要 特聘專門技師 購置德國最新式機器 精製各種青紅磚瓦及空心磚等品質堅韌色澤鮮明自應銷以來 已蒙各界推茲略 乘樂予採購 舉一二以資參致 其他惠顧諸君因限於篇幅 不克一一備載 諸希鑒諒是幸

大中磚瓦公司附啟

本埠		外埠	
工部局平涼路巡捕房	新蓀記承造	法秋堂勞神父路	吳仁記承造
國立中央實驗館和興公司承造		七層公寓霞飛路	吳仁記承造
四兆豐花園	陶覆記承造	中央飯店南京路	新金記承造
臺北京銀行英大馬路	趙新泰承造	金陵大學南京	利源公司建築承造
南山西路飯店	新金記祥承造	航空學校杭州	新金記號康承造
開成造酸公司	王鋭記承造		
四海北京路行	惠記興承造		
麵粉交易所北京路	元和興記承造		
業廣公司歐嘉路	陳馨記承造		

曾經購用館公司出品各戶台衔列后

本埠

所出各品 儲有大批 現貨以備 各界採用 如蒙定製 各色異樣 磚瓦亦可 照辦備有 樣品如蒙 索閱卽當 送奉

駐滬批發所

電話 九〇三一一　英租界牛莊路德興里四號

DAH CHUNG TILE & BRICK MAN'F WORKS.

Sales Dept. 4 Tuh Shing Lee, Newchwang Road, Shanghai.

TELEPHONE　90311

22427

22428

22429

22430

22431

22433

22434

22435

22436

建 築 月 刊

第 二 卷　第 八 號

廣 告 索 引

茂昌塯塲鋼筋工厰
天泉碧井局
嘉豐磁磚公司
華德燈泡公司
合豐行
謀信機器公司
榮泰昌鐵器砂厰
美和洋行
新成鋼管公司
美和公司
公勤鐵厰
英惠衞生工程所
源利公司
大來洋行木部
久記泰美營造厰
元豐公司
華興復窗公司
新台記營造厰
中國造木公司
新仁記營造厰
昌升建鋁公司
吉星洋行

大中磚瓦公司
英商茂隆有限公司
專臣洋行油漆部
比國鋼業聯合社
毛紀泉水電公司
開濼磺務局
喊圜洋行
中國製釘公司
馥記營造厰
遠東雲石公司
合作五金公司
上海大理石公司
英商祥泰木行
茂和公司
慎記營業工程所
亞光製造公司
瑞國商益洋校
協順建築公司
沈生記合股營造厰
秦興建築材料行
新懋製造厰
華懋鋼窗厰

THE BUILDER

August 1934 Vol. 2 No. 8

LEADING CONTENTS

ILLUSTRATIONS

The "Times Square" of Shanghai
Wing On Company Annex, Nanking Road.
Mr. T. Chang's Sketch of a Railway Station.
Ten of the twenty-nine Winning Designs of the Small Housing Competition of Pencil Points & the Flat Glass Industry.

ARTICLES

Building Terms in English and Chinese.
National Housing Act of U. S. A.
By H. Z. Huang
Architects and Broadcasting. By G. Long
Building Estimates.　By N. K. Doo
Cost of Building Materials.
Report of the Northern Trip.
By N. K. Doo
Architects' and Builders' Inquiry Bureau.
Editorials.

目 錄

插 圖

上海南京路永安公司正在
添建中之新厦全套圖樣
張君智繪火車圖樣透視圖
，平面圖及剖面圖
美國圖樣競賽前十名

譯 著

建築辭典（續）
美國復興房屋建設運動　譯
建築師與廣播電台　　錄

工程估價（續）　　　杜彥耿
建築材料價目表
北行報告（續）　　　杜彥耿
問答
編徐

22437

二　本會出借圖書啟事

本會成立伊始，卽以研究建築學術爲宗旨，研究之基礎，端爲蒐集圖書，藉借博採觀摩。故組織建築圖書館，亦啓列入本會工作之一。邇者，檢集歷年存書，得中西書數百本，雖爲數寥寥，然束之高閣，殊背顧致之初衷，爰將書目列下，逐訂定暫行借書規則，以供會員之借閱。一面仍戮力增購，以圖擴充；並盼熱心提倡建築學術之人士，踴躍捐贈，務使建築同人獲得讀書之機會。此啓

△暫行借書規則

一、本會房舍圖書，槪從未齊，不備設備，故借圖書館，暫以本會會員爲限。

一、會員借閱書籍，須照本會公佈者，註明書名及類別，退會者，其他會員取消。

凡會員借書，會員證由本會司客員保存，供歸還書籍時，再行領取原書證。

一、每會員所借書，不得過一星期，逾期須知欲借閱同一者。

一、先借者，如未到則。

一、借閱期滿還書不得過一星期。

一、書借如有損壞或汚失，應照書償。

一、本會得酌加修改，得隨時由本會會衆宣佈施行；不另通知之。

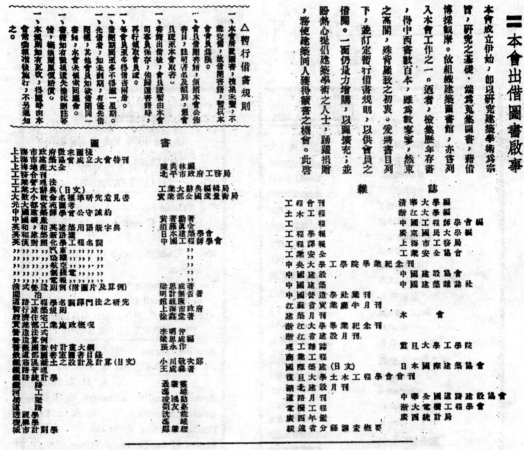

Masonry Structure by Frederick P. Spalding
Modern Road Construction
The Order
Old London Illustrated by Herbert A. Cox
The Power of the Architect by W. T. Creswell
R. I. B. A. Calendar 1933-1934
Reinforced Concrete by Hool & Johnson
The Slide Rule
Shanghai Municipal Report 1933
Sketch from Nature by John Maswhirter
Wood Carving by Baul N. Hasluck
Unification of Weights & Measures in China

MAGAZINES

American Builder Association News
American Builder & Building Age
Architecture
Architecture & Building
The Builder
Building Age
Cassier's Engineering
The China Builder
The China Press (Construction & Trade Development)
Construction Method
Engineering New Record
General Building Contractor
Pencil Points
Shanghai Builder

BOOKS

Amateur Carpenter & Builder
Architectural Design & Lettering by Herman Ritow
Architecture Carpentry & Building
B. R. C. Reinforcement
Building Construction (Element & Advance) by
　　Charles F. Mitchell
Bungalow of Today
Carpenters' Handbook
The China Architects & Builders Compendium by
　　J. T. W. Brooke & R. W. Davis
Civil Engineering
Coal Tars by G. Malatesta
Concrete Handbook
Cyclopedia of Drawing
Design of Timber & Steel Structure by Hool
Design for Houses
Essentials in Architecture by John Belcher
Estimating Building Costs by William Arthur
Estimating for Builders by Giles
History of Architect by I. C. S. Reference Library
A History of Commerce & Industry by Herrick
International Congress of Building Societies 1933
Interior Wall Decoration by Vanderwalker
The Law of Fixtures by W. T. Creswell
The Law Relating to Dilapidation & Waste by W. T.
　　Creswell
Lefax Engineering Data

上海南京路永安公司，在湖北路浙江路轉角天蟾舞台舊址，增造新廈，計二十二層高，現已興工建築

。新屋地基為三角形，自第一層至第五層，作為公司營業之用。自第六層起，及廣大之屋頂，則備闢

為小規模之電影院，茶間，及露天散步場之用。此外公司對於職員公餘娛樂休憩，亦有相當設備。此

屋殼足注意之點，為介於原屋與新屋間之懸橋。屋之下層用以儲存，包紮及接收貨物等用，並可裝設

安全庫房，以供該公司銀行部之使用。新屋在南京路角之交叉點，上築頂尖，其高度將獨步遠東。而

常務董事室之辦公處，即將設於此頂尖中。頂尖將裝置別緻之光線，俾在夜間放一異彩。屋之形式為

最新之立體式，下層以迄於二層，皆用蘇石。沿街有極大之櫥窗，以備陳列貨物，並以綠色花崗石舖

砌之，以求美觀。該屋由哈沙得與飛力拍斯二建築師聯合設計，底腳由錦生記營造廠承包，全部房屋

則由陶桂記營造廠承造云。

The "Times Square" of Shanghai
Wing On Company Annex, Nanking Road.
Elliot Hazzard, Architect
E. S. J. Phillips, Associated Architect
Dao Kwei Kee, General Building Contractor

FRONT ELEVATION

The New Wing On Annex.

CHEKIANG ROAD ELEVATION

The New Wing On Annex.

采安公司新厦 側面圖

GROUND FLOOR PLAN

The New Wing On Annex.

永安公司新廈 —— 下悬平面圖.

22443

1ST 2ND 3RD & 4TH FLOOR PLAN

永安公司新廈　上層平面圖

The New Wing On Annex.

View showing foundation of New Wing On Annex on Nanking Road.

Elliot Hazzard, Architect

E. S. J. Phillips, Associated Architect

永安公司新廈建築底基之攝影

22445

Mr. T. Chang's Sketch of a Railway Station

張君習繪火車站圖

火車站

甲甲剖面詳

南剖道而反

乙乙剖面詳

南剖顏眉凡

火車站

Railway Station——Sections.

22448

美國空前圖樣競賽揭曉

朗琴

美國筆端雜誌(Pencil Points)與平面玻璃業(Flat Glass Industry)同人主辦之一九三四年建築圖樣大競賽，已圓滿結束。此次參加競賽者達一，一七六名，極爲踴躍，經評選委員會慎重選拔，擇尤錄取二十九名。本刊不惜犧牲巨額製版費用，特爲全部轉登，以供參閱，藉資借鑑。茲先刊登錄取之前十名，俟當順序陸續刊載。並爲求明瞭起見，特將競選經過，及前四名之評語概譯如后，想亦讀者所欲知者也。

筆端雜誌及平面玻璃業同人，鑒於現代住屋設計，窗戶玻璃所佔之地位極多，蓋如此可使居住者接受充分陽光，增進身心健康，所獲利益，實匪淺鮮。故以充分增加窗戶玻璃地位，不妨礙居住者之健康爲原則，示以範圍，制定程序(Programe)公開徵選建築圖樣，兼示提倡小住宅之至意。開始徵求後，投稿者遵照設計程序，紛至沓來，佳作如林，蔚爲大觀。評選委員會以七八人組織之，多爲大公無私，久負盛名之建築師，另設業餘顧問一人，主持其事。評選委員會對於評閱圖樣工作，至爲慎重。於六月十三日在紐約一度聚議後，即設法遠邀至耶瑪農村(Yama Farms)。此村在凱斯葛山脚(Catskill Mount)處境幽靜，遠離市廛，頗適宜於審核評判之工作，而其手續之慎重，亦可見一斑。委員會努力職務，日以繼夜，工作不息。對於每一圖樣詳慎評閱，共同討論，遇有一點特長，即加保留，再付審閱，如此重複選擇，始定取去，再付最後審查。各委員會至六月十八日始返紐約，連續工作達六日之久。業餘顧問之職務，爲承接投稿者之圖樣，初步審閱，若圖樣不按投稿程序或不相符合者，摒而不取，此種圖樣，亦達七十六張，惟爲證明信實無私起見，亦均報告委員會，經核准後始予摒棄不閱。業餘顧問對於中選圖樣無投票表決之權，以示限制。

在一千餘幅圖樣中，錄取二十九名，雖經評選委員會慎重選甄，未盡厭職，然滄海遺珠，在所難免，故該會對於未錄取者，深致歉意。然競賽之畢，使投稿者鈎心鬥角，運其容思，增進技巧，獲益不少，故競賽辦法謂爲趨於成功之捷徑，亦無不可也。

茲將圖樣評選委員會，對於錄取圖樣前四名之評語節譯如左，使讀者按圖索驥，瞭然於各該圖樣優異之點：

第一名(Mr. Geoffrey Noel Lawford) 此圖樣概括簡單，能符合程序之條件。設計合於理論，能免感情用事。第一切無謂之複雜，均能免去，故在結構上及建築上能形成一良好之住屋。主要住室，面向南面之花園，舖砌之露台，可遮蔽西方日光之曬射，平添不少幽趣。關於院子及汽車間之設計，尤見精彩。

此圖樣之優點，可於平面圖表見之。比例均平，分配相稱；垂直不曲，極爲動人。凡此種種，均能使圖樣和諧協調，

呈現美觀與機敏也！

第二名(Messrs. Alexis. Dukelski, Charles Shilowitz, Joseph Shilowitz)　此圖宜於細玩，而所表現之技巧與智慧

，深堪嘉許者。作者能深知業主需要陽光與空氣，而不偏不私，與家人共有之。故全屋陽光充足，室內諸人感感愉快；卽

僕役輩之浴室，一如逍遙在水池之中，而家用之汽車，亦並不被黑暗所蒙蔽也。

此圖設計，對於地基之使用，一若寶逼處此，頗爲奇特，而地盤樣似有無謂之重複處。雛鴼與走道間之草地，殷乘有

用面積，而汽車間前面地位不太小，不便掉頭，徐處則太大。此屋若更能移前向南，俾北面之花園，寬留餘地，則更佳妙，

雖然此種式樣之住宅，尚不需偌大之花園菜圃也。二樓及三樓之佈置，盡善盡美。發室東面之窗，若更向前，則接受陽光

更多；但於此已足，亦能使業主愜意也！臥室之設計，切合實際，並使愉快；但孩子臥室之東牆，接近北面扶梯間，配置

玻璃，似不甚舒適。

第三名(Mr. Antonio Di Nardo)　此圖設計有頗多特點，足資介紹。地盤樣簡單概括，頗稱扼要。玫瑰花涼亭及

其他植物使臥室及發室前之草地，蔭蔽生幽。二樓長方形全部，分配頗爲美觀得當。經過拱圖之走道，以達於天井及有屋

頂之走廊，若能稍事點綴，當更靈善。但走廊直接通至汽車間，頗稱便利，全部佈置亦屬良好。三樓設計，與二樓有異曲

同工之妙；居住其間，令人感覺舒適愉快。投稿者似深知業主愛好賓客，故在四樓之佈置，款待賓衆，頗稱合宜。此就設

計言，雖爲似是而非之論也。屋之正面樣，細加審閱，覺其設計較所頒給之程序，能盡情包括，無懈可擊；投稿者之技巧

與風趣，實值得評判委員會之介紹也。

第四名(Mr. H. Roy Kelley)　此又爲一頗生面別開之圖樣，但能與程序相符合，而富有新趣者。起居室，發室及

二主要臥室面向花園，均值得介紹。室外偃息所：(Lounge)，發室，及地壇等設計靈善，令人發生快感。二樓進口處之

客廳及扶梯，雖路狹促，但臥室却因進口之籽綱而隱藏。家具用品，關係家庭幸福至大，而其設計佈置一如在輪舟之上；

雖此屋形式非如輪船，而爲靜止的，莊嚴的，通常的，但無處不露其高尚之風格也。

22450

PENCIL POINTS-FLAT GLASS INDUSTRY ARCHITECTURAL COMPETITION

美國圖樣競賽   第一獎

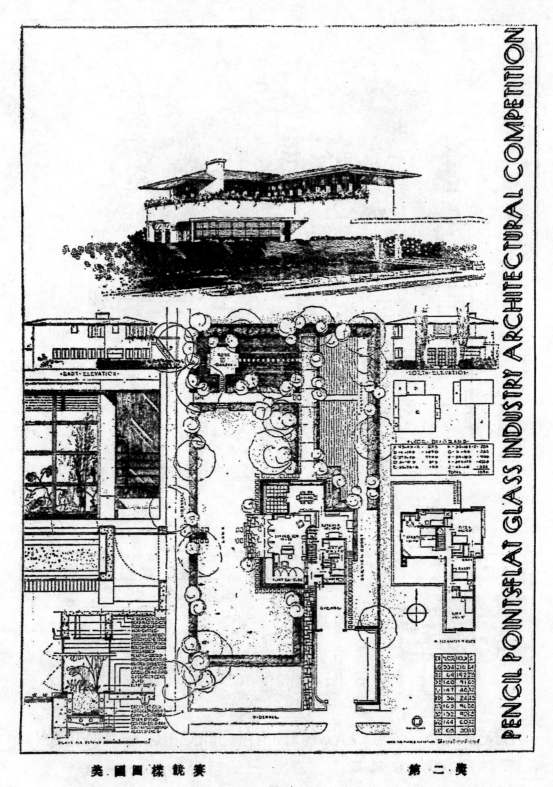

美 國 圖 樣 競 賽　　　　　　　第 二 獎

PENCIL POINTS FLAT GLASS INDVSTRY ARCHITECTVRAL COMPETITION

美國圖樣競賽　　　　　　　　　　第三獎

PENCIL POINTS FLAT GLASS INDUSTRY
ARCHITECTURAL COMPETITION

美 國 圖 樣 競 賽　　　　　　　第 四 獎

美國圖樣競賽 附圖

PENCIL POINTS-FLAT GLASS INDUSTRY ARCHITECTURAL COMPETITION

美國圖樣競賽   附   選

美國圖樣競賽　　　　　　　　　　　選　附

22457

PENCIL POINTS—FLAT GLASS INDUSTRY ARCHITECTURAL COMPETITION

22458

22459

PERSPECTIVE FROM STREET

PLOT PLAN

FIRST FLOOR PLAN

SECOND FLOOR PLAN

DETAIL OF FRONT DOOR

EAST ELEVATION

NORTH ELEVATION

PENCIL POINTS - FLAT·GLASS INDUSTRY ARCHITECTURAL COMPETITION

美國圖樣競賽　　　　　　　　附　選

『Spindle』執手鐵梗。 鐵梗之貫通門上插銷，以貫裝置執手者。〔見圖〕

SPINDLE 執手鐵梗
KNOB 執手之

『Splay』斜角。 將方角做成斜面。〔見圖〕

Splay arch 八字角法圈。圖之起於八字角，故牆之一面較小於另一面。

斜角

『Spire』尖頂。〔見圖〕

1, 尖頂及壓箸簾（Antun Cathedral）
2, 銳尖（Bayenx Cathedral）
3, 尖塔（Bayenx Cathedral）

『Spline』薄板。 用於室中台度或平頂之薄板。

『Spring』彈簧。

Spring catch 彈簧脊子。 勾住腰頭窗之金屬物，倘欲將腰頭窗關閉，祇須將窗推上，彈簧脊子自能彈入鋼眼而勾住。〔見圖〕

彈簧脊子
SPRING CATCH

『Spring hinge』彈簧鉸鏈。 開門後能自動關閉之鉸鏈。

末端築有看台，末端之看台作圓形。

『Sprinkler』灑水器，噴水管。

此種設備，如棧房，公寓中平頂上，裝有噴水管，設逢火危，噴水管之頭露於平頂之外，着火後鉛錫溶化，水卽泊泊自管噴出。屋中有此設備，倘遇火災，人雖不覺，而火自滅。

古賽跑場業經修築，重復舉觀，一九〇六年之萬國運動會，卽舉行於此。Stadium 之字義，係來自希臘。Stadion 係英文Stand之義，意指場之四週，羅列看座，故現在之運動場，四週設有看座，中間作爲運動員之競賽，門牛，球賽或其他運動者，均稱Stadium。

『Sprinkler head』噴頭水子。

『Staff quarter』職員住宿舍。

『Square』㊀方。邊角四面相等者。

㊁矩。器械之一種，用以定出方角者。普通其形如 L 或 T。

『見圖』

『Stage』臺，戲臺。戲院中在地板上築起之臺階，儆有佈景，特種燈亮及機器等，以資戲劇之表現或音樂之飾奏者。

『Squinch』敵角圈。一個法圈砌於牆之陰角者。

『Stain』㊀着色，染色。以色染之，例如地板之先以黑色塗染，然後再做泡立水上蠟。Stain與paint有別，故着色與油漆兩者，爲不同類之塗漆料。Stain 大概爲黑色，如餐室中之木器，多係Stain and polish。

『Stair』扶梯。

Back stair 後扶梯，小扶梯。

Stair carpet 扶梯毯子。

Stair rod 扶梯毯梗。扣除扶梯毯子之銅梗。

『Stable』馬廄。

『Stack』身幹。如煙囪露於屋面上之幹段。堆積木材而成之木堆。

『Stadium』運動場。古希臘雅奧城亞林四地方之賽跑場，兩旁與

『Stair well』 扶梯井。扶梯夾檔中間，自上至下之空間。

『Stair-case』 扶梯間，扶梯衖。屋中裝置扶梯之所在。

『Stake』 椿。一端削尖之木椿，打入地中，以為支撐，繫繩柱子，界椿及木柵等者。

『Stall』 ㊀廂座，展覽席。戲院中之廂座。展覽會場中所隔成之小室，陳列物品，以資展覽或出售者。

㊁馬廄。關閉牛馬之廠舍。

『Stanchion』 直柱。豎直之支柱。

『Stand』 臺，看台。建築物之上，人能坐立者。如業場中之看臺，法官之席座，博物院中陳列物體之台等。

『Standard』 標準。物之形式尺寸一律者，如鋼窗之有標準尺寸〈Standard size〉。

『State room』 廣殿。王宮或其他大廈中之廣殿。

『Station』 車站。

『Statuary』 雕刻家。製造像物者，彫剝者，或像物之模型創製或倣製者，用雲石，泥或銅做之彫鑄匠。

『Statue』 彫像。人形或獸形之彫像。

『Stay』 窗撐。窗戶開啓時防止風吹開之撐梗。

Peg stay 套釘窗撐。〔見圖〕

Stay bar 窗撐梗。撐開屋頭窗者。

Sliding stay 螺絲窗撐。〔見圖〕

『Steam heating』 蒸氣發熱。蒸氣之功用極廣，凡器械之發動，均藉蒸氣之力。

Steam crane 蒸氣吊機。

Steam dredger 蒸氣掘泥機。

Steam excavator 蒸氣開溝機。

Steam hammer 蒸氣鎯頭，水汀錘。

Steam shovel 蒸氣機鏟。

『Steel』 鋼。

Steel casement 鋼質窗。

Steel framed structure 鋼架構造。

Steel reinforcing 鋼筋。

Steel sash 鋼窗。

『Steening』 襯磚。襯於井之周圍或庫藏牆周圍之磚。

『Steeple』 尖塔。禮拜堂突出屋面之尖頂。任何房屋屋面有尖銳之塔頂者。

『Stela』
『Stele』} 碑。直立之碑石，上刻圖形，文字，法規或里數等者。

『Stencil』 印花板。用印花板印成之花樣。〔見圖〕

『Stirrup』 環，箍。⊖控制屋架之鐵器。〔見圖〕

一方，以接脚步。

『Stock』 螺旋弓手。自來水管絞鑄螺旋之器械。⊖鋼筋水泥大料中之環箍，〔見圖〕

『Step』 踏步。⊖扶梯上之踏步。⊜門口之階踏步。⊜戲梯之橫檔，足踏其上而猱登者。⊖汽車，馬車邊沿上下之踏步。

『Step flashing』 扶梯步凡水。屋面與山頭脚或烟囱脚所包之凡水。

『Step gable』 扶梯步山頭。

『Stepping stone』 接步石。泥路或花園草地上，每距一步，疊石

『Stone』 石。

Stone dressing 斧石。石面用斧鎚平之工作。

Stone gutter 石槽。引水入渠之石槽。

Stone kirb 側石。馬路與人行道分處之側石。

Stone paving 石彈街。用石舖砌之路面。

Stone sill 窗檻石。承托於窗下之橫檻石。

『Stool』圓櫈，櫈子。四足無靠背之櫈子。

『Stoop』戶口階段。在住宅大門口外，高起一步或數步之平階。

『Stop』止。
door stop 門碰頭。詳見一卷七期D字部Door stop 之說明。

『Store』倉廒，店舖。

『Storey』層，級。建築物高度層數之分別，如上海靜安寺路新建之二十二層大廈 (22 storied sky-scraper building)

『Stove』●爐。冬天置於室中取煖之爐。
●灶。廚房中羹燒食物之灶。

『Straight』直。
Straight edge 直邊。

（待續）

美國復興房屋建設運動

璨

美國因受世界不景氣之影響，產業衰落，失業問題嚴重，邇有復興運動之履行，經奮鬥數閱月之結果，百業已漸呈起色。最近美國代議士會，且於第七十三次會議中，通過國家房屋條例五章，（National Housing Act）規定由政府投資，貸助民間建築住屋，直接減少建築工人之失業，間接發展建築材料之銷路，而使材料廠工人及材料經銷人得活動之機會。

該項條例之內容，要點有二：（甲）以政府之贊助，發行，抵押，擔保，鼓進建屋事業或他種事宜；（乙）授權總統組織聯邦房屋總署；由總統任命署長一人，執行署務，署長任期四年。

署長業經羅斯福總統任命茂裴氏担任。茂氏係紐約西美孚火油行副行長，年薪十萬元，今甯願拋棄十萬元年薪之位置而就此年俸僅一萬元之署長職，蓋茂氏對復興建設認爲偉大工作，藉此將使經濟復蘇，挽回不景氣之頹勢也。茂氏現年四十有八歲，富於辦事能力，經商之才幹非常精錬，其於房產放款公司，亦有相當聯絡，如何實施條例，均胸有成竹，故獲榮任。且茂氏對於如何組織總署，可渡援助，膺任署長，深慰美國多數人士之喁望。

茂氏於就職時向從事建築業者致辭曰：「營造廠商，建築家，及材料商！君等係推進建設新屋與改修舊屋程序中之主要的樞紐。君等能予大衆在國家房屋條例及策劃下營屋之機會，使規訂及營建適用的住所及家屋進展。能否予我以憑依君等之協助？以冀此項工作得順利進行而收迅捷之效果。」

條例全文分五章。第一章分爲五條，規定創設聯合房屋總署，對金融機關之保險，對金融機關之放款，資金之挪派，及製作報告。第二章分爲九條，規定互利放款之定義，押款保險，繳付保費，複利資金之分別，資財生利，低價房屋之保險，押款公會之權能，押款公會之義務，貸款欸。第三章分爲八條，規定國家押欸公會之權能，資金，房產管理，審核與清理，條例及章程，繳稅準備，及存儲公欸。第四章分爲七條，規定儲蓄及貸欸保險之定義，聯合儲蓄及貸欸保險機關之權能，保險略及適當準備，保險費，繳付保險費及保險結束。第五章爲雜項，詳載頊綱之規定，計十三條。

按條例內容所規定者，總核其要，爲組織總署，保險押欸，與利用復興建設銀公司，發行公債，紙幣及股票等方法，籌集欸項，從事房屋建設事業。且條例中所規定之事項，不受以前所頒法律之束縛，尤稱便利。總統並得主掌挪派或利用其他總統有權挪作非常用途之公帑，交予署長，贊助民間建造住屋等之需要，夫經濟衰落之狂潮已波及全世界，號稱首富之美國，尚岌岌自危，力圖復興，則我久因貧窮之中國，尤應如何發奮勉進耶？房屋爲人類生活條件之要素，事業之範圍極廣。建築事業之衰落，影響工商貿業者至鉅，蓋房屋工程而減少，除增加建築工人之失業，因而影響市場之購買力外，材料廠商亦蒙出品滯積之苦，馴至社會經濟日益枯竭，國家稅收日金減短，故欲謀國富民强，繁榮建築事業，實刻不容緩。我國房產事業素所幼稚，少數都市雖年蹈稍有蓬勃氣象，而年來已漸形衰退，甚望政府參考美國復興運動之計劃，遠籌挽救之策，庶有豸乎！

28

22466

茲將美國聯邦房屋總署之組織大綱列后，備費國人之參考焉。

小調查

嘉善磚窰業之衰落

滬埠建築物所用磚瓦，大部取給於嘉善。故嘉善磚窰業之發達與衰落，足以反映本埠建築事業之盛衰。記者於日前至嘉善，轉輪窰上，西塘，下甸廟，洪家灘，壇墟等產磚瓦之區視察，復返嘉善縣調查，據云曩年盛時，每歲銷磚瓦數值六百萬元，現因滬地等處經濟衰落，建築不興，故去年只銷二百四十萬元，較往年相差幾及三分之一，斯業之凋零，可見一斑。

22467

建築師與廣播電台

鋒 譯

編者按：建築師利用無線電台，廣播建築學說，流傳一般人以往的常識，間接促進水為本業的案與，這在歐美各國已屬盛行，吾國尚待提倡。美國 Pencil Points 述築雜誌載有此文，爰擇要迻譯。語涉常理，無甚足取，然備供一格，以為提倡云爾！

建築師如能利用當地無線電台，向大衆廣播宣傳，定能鼓起一般對於營造及改建住屋的興趣，同時並可使建築事業的服務，得到眞實的估價，擴展良好的認識。建築師對此舉辦極易，所費無幾，而所得效果卻極大。

各處的建築師有時雖用廣播電台，公開宣傳；但爲數無幾，足可增加千百倍，全國各處，都應有普遍的傳播。現代生活利用無線電的範圍極廣，舉凡宗教，醫藥，法律，甚至於政府當局。將建築走上空氣的大道，這是最適宜的時候了；宣傳的範圍不在乎單獨而偉大的廣佈網（雖然這也很重要），而在乎無數的各電台間之傳播。無論何處的建築師，均可向千百里範圍內的住戶，公開宣傳。這樣的廣播，出自職業專才，適合地方需要，對於居民有特殊的價值；而在演講時的眞摯與效果，較在中央電台所發出的所擬擬的。

大多數的建築師或能贊同上逑的原則，但當起而實行時，情形卻有不同。羞避會使建築師嫌惡播音，故此事（播音）既能增進建築事業，需用大批人員，解決失業問題，以謀復興，而建築師向趨超不前，憎嫌播音，然則此事（播音）也許纛稱爲盡善的方法嗎？

這種嫌惡的原因，多半由於不諳習廣播的細節：與過份誇說播音時的困難；這都使建築師羞向揚聲器演說了。自然，除在報紙封面連續刊登外，播音是最足集中大衆注意的，而其不同之點，是播音更能獲得大衆良好的影象，如果能善於使用的話，故一般人不願一試。但這種畏懼是無根據的。若一個人僅將聲浪傳入電台，這是無足畏懼的。大多數建築師不擅此道，眞是無理可解。這對大衆直接演說，更爲容易。在播音時可無需大力，使聽衆聆悉，播音機自會調節，而無線電工程師更能隨時指正，使聽者悅耳。

初步辦法，可由建築師致函當地廣播電台的經理。若當地並無電台，可向較近的電台接洽。在通函中建築師可申說願諧關於住屋的營造，改建，以及其他適宜於大衆興趣的。他應直說對普邁的聽衆不宜有專門的演講，而將有實際價值的傳播於平均的電台聽衆。建築師與學生喜聽專門的學術演講，究屬少數，爲大衆計，自應演講有一般興趣的話。這在建築師也頗適宜，因他願與門外漢講話，不願與職業同志談道的。

這種意見的供獻，在電台是願意承受的，然後擇日開始播音。通常須經過發音的試驗，這並不是件難事。僅須向揚聲機宣讀後五分鐘，由電台工程師校正卽可。除聲波並不外揚外，一切手續與用具，與原來無異。這樣可使指導員校正聲波是否適合，予以指示。有很多

---- 30 ----

發音愈好的，在電台上卻未能表見。但這種情形極少，聽者往往未能發見他短處的。

為欲增進演講的技能，可選取雜誌中的一段，在家朗讀，態度自然，一如與人談話。這可使講者至揚聲器前，無慌促之態，而在朗讀

時更可改進表情的态態。

在宣讀時，最好用會話的口氣，向距離四五尺的人對談一般。在讀時如對衆演說，最非所宜。其聲一如會談，不宜宣讀，而對於選用

的材料宜熟練無異。講讀的速度，視各人通常的情形而定，每分鐘約自一一五字至一三〇字。若平日能談講暢快，聲音清朗，則自較稳滯

者為佳。無線電台之播音，其聲波較原來者為高，但因此不能發特殊的低音。聲波亦須求其自然，從容大方，蓋若程序為十五分鐘，演講

的時間須連續至十二十三分鐘之間，不能追促也。十五分鐘之時間，為最適宜於建築講話的。

在播音時，不能直接面向揚聲器，而向另一端將聲波折成三角度。距離視情形而不同。除揚聲器為最新自動式，感音敏捷，緯度廣大

外，須保持良好距離，以求清浙。過前則聲波超越揚聲器，發音不清，過後則距離太遠，將發生空洞之聲矣。

揚聲器常能將個人的呼吸聲音，亦加傳入，這在聽衆是有反感的。若講者呼吸過短，則有氣喘或心悸之弊，若演講太快，則句讀未清

，逗點不明。態度既須自然，自宜抑揚頓挫，以免去平直的單調。在發表個人思想時，須集中注意，但這除熟記自己的演詞外，別無他法

。若將大綱節目記憶，這事便無困難。在廣播電台宣讀，一如直接對衆演說，對於演詞是無用憂慮遊移的。

正基建築工業補習學校招生

本校現已開學本學期增闢校舍下列各年級尚有餘額續招新生及插班生一次：

（一）初級一年級　　　五名
（二）初級二年級　　　五名
（三）初級三年級　　　十名
（四）高級一年級　　　八名
（五）高級二年級　　　十名

有志入學者可卽日起每日下午六時至九時親至牯嶺路長沙路口十八號本校報名應考詳細章程可向本

校或南京路大陸商場六二〇號本校辦事處面取

22469

第六節 五金工程（續）

△鐵門之估價

杜彥耿

甲 種

一寸方邊梃鐵長七尺半 計二根（每根二十五磅） 合計五十磅。

五分方長直鐵長七尺 計十根（每根九・一磅） 合計九十一磅。

四分方短直鐵長三尺半 計十一根（每根三磅） 合計三十三磅。

一寸×半寸扁擔鐵長三尺半 計二根（每根六磅） 合計十二磅。

一寸×五分扁擔鐵長三尺半 計一根（每根七磅） 合計七磅。

共計一百九十四磅（七五折）合計一擔半

每擔連工洋十元 計洋十五元。

油漆及零件如鎖，鐵白，鐵銷，鞲樣等未計。

乙 種

一寸二分方中梃鐵長十尺半 計一根（每尺五・二五磅） 計五十五磅。

一寸二分方邊梃鐵長八尺半 計一根（每尺五・二五磅） 計四十五磅。

六分方直鐵長四尺半 計十三根（每尺一・八七九磅） 計一百十磅。

一寸二分×六分扁擔鐵長五尺半 計三根（每尺三・三磅） 計五十二磅。

一寸二分×一寸頂花鐵長五尺半 計一根（每尺四・一七五磅） 計二十三磅。

一寸二分×四分頂花鐵長三尺 計一根（每尺二・○八磅） 計十二磅。

一寸二分手巾條花鐵長十四尺 計一根（每尺一・○四磅） 計十五磅。

一分方厚鐵板五尺三寸×二尺半 計十三方尺（每方尺五・○四磅） 計六十六磅。

二分×四分框圈鐵長二十六尺 （每尺・四二磅） 計十一磅。

22470

乙種鎗鐵門較甲種稍繁，故每擔連料需洋十二元。

共計四百十六磅（七五折）計三·一二擔

合計洋三十七元半。

丙種

丙種鐵門，工作較以上兩種尤繁，故工值須略高，計每擔連料約需十四……元。

▲▲ 鐵欄杆之估價

甲種　踏步欄杆（一丈五尺佔價）

五分方欄杆直鐵長三尺
計三十根（每尺一·三○五磅）
計一百十七磅

六分方欄杆直鐵長三尺半
計六根（每尺一·八七九磅）
計四十磅

共計一百六十九磅（七五折）
計一·二七擔（每擔十二元）
計洋十五元二角四分

二分×一寸欄杆扶手鐵長十五尺
計一根（每尺·八三磅）
計十二磅半

一寸半圓生鐵欄杆柱長三尺半　計一根（每尺五·○三磅）
計九磅（每磅五分）
計洋九角五分

翻砂木樣及車木工
計一根
計洋一元

一寸半×二尺柳安扶手長十五尺
計一根
計洋三元

共計洋二十元一角九分

乙種 踏步欄杆之二

此係踏步欄杆之又一式，其工程較上列之一種為鉅，鐵器每擔需洋十四元，與丙種鐵門相同。

丙　種　圍牆鐵欄杆

（以一丈佑價）

三寸方欄杆柱長四尺半計一根
（每尺三〇•〇七磅）計一三五磅。
一寸二分方欄杆直鐵長四尺半計十三根
（每尺五•二五磅）計三〇七磅。
以上合計四四二磅（七五折）計三
•三一担，每担十元計洋三十三
元一角。
二寸半×四寸半生鐵扁擔鐵長十尺
計一根　共三百四十九磅半（每磅五
分）計洋十七元四角六分。
二寸二分×四寸半生鐵下扶手長十尺
計一根　共三一四磅半（每磅五分）
計洋十五元七角三分
一寸半圓生鐵滴子長三寸共十三只
計十八磅
$1½Φ=1.767×3″×13×.26=17.918 lb.$
共計洋六十七元一角一分

（待續）

上述之單位——即擔，係習慣所素用者。而現在所有交易，均須依照全國度量衡局所訂，實業部通令施行者爲準則，

放英磅一一〇•二三三磅爲一市擔。現在市價鐵料每市擔約洋六元二角至六元五角。

22473

建築材料價目表

磚瓦類

貨名	商號	大小	數量	價目	備註
空心磚	大中磚瓦公司	12"×12"×10"	每千	$250.00	車挑力在外
〃 〃 〃	〃 〃 〃 〃	12"×12"×9"	〃 〃	230.00	
〃 〃 〃	〃 〃 〃 〃	12"×12"×8"	〃 〃	200.00	
〃 〃 〃	〃 〃 〃 〃	12"×12"×6"	〃 〃	150.00	
〃 〃 〃	〃 〃 〃 〃	12"×12"×4"	〃 〃	100.00	
〃 〃 〃	〃 〃 〃 〃	12"×12"×3"	〃 〃	80.00	
〃 〃 〃	〃 〃 〃 〃	$9\frac{1}{4}$"×$9\frac{1}{4}$"×6"	〃 〃	80.00	
〃 〃 〃	〃 〃 〃 〃	$9\frac{1}{4}$"×$9\frac{1}{4}$"×$4\frac{1}{2}$"	〃 〃	65.00	
〃 〃 〃	〃 〃 〃 〃	$9\frac{1}{4}$"×$9\frac{1}{4}$"×3"	〃 〃	50.00	
〃 〃 〃	〃 〃 〃 〃	$9\frac{1}{4}$"×$4\frac{1}{2}$"×$4\frac{1}{2}$"	〃 〃	40.00	
〃 〃 〃	〃 〃 〃 〃	$9\frac{1}{4}$"×$4\frac{1}{2}$"×3"	〃 〃	24.00	
〃 〃 〃	〃 〃 〃 〃	$9\frac{1}{4}$"×$4\frac{1}{2}$"×$2\frac{1}{2}$"	〃 〃	23.00	
〃 〃 〃	〃 〃 〃 〃	$9\frac{1}{4}$"×$4\frac{1}{2}$"×2"	〃 〃	22.00	
實心磚	〃 〃 〃 〃	$8\frac{1}{2}$"×$4\frac{1}{8}$"×$2\frac{1}{2}$"	〃 〃	14.00	
〃 〃 〃	〃 〃 〃 〃	10"×$4\frac{7}{8}$"×2"	〃 〃	13.30	
〃 〃 〃	〃 〃 〃 〃	9"×$4\frac{3}{8}$"×2"	〃 〃	11.20	
〃 〃 〃	〃 〃 〃 〃	9"×$4\frac{3}{8}$"×$2\frac{1}{4}$"	〃 〃	12.60	
大中瓦	〃 〃 〃 〃	15"×$9\frac{1}{2}$"	〃 〃	63.00	運至營造場地
西班牙瓦	〃 〃 〃 〃	16"×$5\frac{1}{2}$"	〃 〃	52.00	〃 〃
英國式灣瓦	〃 〃 〃 〃	11"×$6\frac{1}{2}$"	〃 〃	40.00	〃 〃
脊瓦	〃 〃 〃 〃	18"×8"	〃 〃	126.00	〃 〃

鋼條類

貨名	商號	標記	數量	價目	備註
鋼條		四十尺二分光圓	每噸	一百十八元	德國或比國貨
〃 〃		四十尺二分半光圓	〃 〃	一百十八元	〃 〃 〃
〃 〃		四二尺三分光圓	〃 〃	一百十八元	〃 〃 〃
〃 〃		四十尺三分圓竹節	〃 〃	一百十六元	〃 〃 〃
〃 〃		四十尺普通花色	〃 〃	一百〇七元	鋼條自四分至一寸方或圓
〃 〃		盤圓絲	每市擔	四元六角	

36

五. 金 類

貨　名	商　號　標　記		數量	價　目	備　註
二二號英白鐵			每　箱	五十八元八角	每箱廿一張重四○二斤
二四號英白鐵			每　箱	五十八元八角	每箱廿五張重量同上
二六號英白鐵			每　箱	六　十　三　元	每箱卅三張重量同上
二八號英白鐵			每　箱	六十七元二角	每箱廿一張重量同上
二二號英瓦鐵			每　箱	五十八元八角	每箱廿五張重量同上
二四號英瓦鐵			每　箱	五十八元八角	每箱卅三張重量同上
二六號英瓦鐵			每　箱	六　十　三　元	每箱卅八張重量同上
二八號英瓦鐵			每　箱	六十七元二角	每箱廿一張重量同上
二二號美白鐵			每　箱	六十九元三角	每箱廿五張重量同上
二四號美白鐵			每　箱	六十九元三角	每箱卅三張重量同上
二六號美白鐵			每　箱	七十三元五角	每箱卅八張重量同上
二八號美白鐵			每　箱	七十七元七角	每箱卅八張重量同上
美　方　釘			每　桶	十六元○九分	
平　頭　釘			每　桶	十六元八角	
中國貨元釘			每　桶	六　元　五　角	
五方紙牛毛毡			每　捲	二　元　八　角	
半號牛毛毡	馬　　牌		每　捲	二　元　八　角	
一號牛毛毡	馬　　牌		每　捲	三　元　九　角	
二號牛毛毡	馬　　牌		每　捲	五　元　一　角	
三號牛毛毡	馬　　牌		每　捲	七　　　元	
鋼　絲　網	2'7"×9'6" 2¼lb.		每　方	四　　　元	德國或美國貨
″　″　″	2'7"×9'6" 3lb.rib		每　方	十　　　元	″　″　″
鋼　版　網	8'×12' 六分一寸半眼		每　張	三　十　四　元	
水　落　鐵	六　　　分		每千尺	四　十　五　元	每根長廿尺
牆　角　線			每千尺	九　十　五　元	每根長十二尺
踏　步　鐵			每千尺	五　十　五　元	每根長十尺或十二尺
鉛　絲　布			每　捲	二　十　三　元	闊三尺長一百尺
絲　鉛　紗			每　捲	十　七　元	″　″　″
銅　絲　布	.		每　捲	四　十　元	″　″　″
洋門鉸鏈			每　打	十　六　元	中國鑕廠出品黃銅或古銅色

貨名	商號	標記	數量	價格	備註
洋門臺鎖			每打	十八元	德國或美國貨
彈弓門鎖			每打	三十元	中國鎖廠出品
″ ″ ″			每打	五十元	外貨

木　材　類

貨名	商號	說明	數量	價格	備註
洋松	上海市同業公會公議價目	八尺至卅二尺再長照加	每千尺	洋八十四元	
一寸洋松	″ ″ ″		″ ″	″八十六元	
寸半洋松	″ ″ ″		″ ″	八十七元	
洋松二寸光板	″ ″ ″		″ ″	六十六元	
四尺洋松條子	″ ″ ″		每萬根	一百二十五元	
一寸四寸洋松一號企口板	″ ″ ″		每千尺	一百〇五元	
一寸四寸洋松副號企口板	″ ″ ″		″ ″	八十八元	
一寸四寸洋松二號企口板	″ ″ ″		″ ″	七十六元	
一寸六寸洋松頭號企口板	″ ″ ″		″ ″	一百十元	
一寸六寸洋松副頭號企口板	″ ″ ″		″ ″	九十元	
一寸六寸洋松二號企口板	″ ″ ″		″ ″	七十八元	
一二五四寸一號洋松企口板	″ ″ ″		″ ″	一百三十五元	
一二五四寸二號洋松企口板	″ ″ ″		″ ″	九十七元	
一二五六寸一號洋松企口板	″ ″ ″		″ ″	一百五十元	
一二五六寸二號洋松企口板	″ ″ ″		″ ″	一百十元	
柚木（頭號）	″ ″ ″	俗帽牌	″ ″	五百三十元	
柚木（甲種）	″ ″ ″	龍牌	″ ″	四百五十元	
柚木（乙種）	″ ″ ″	″	″ ″	四百二十元	
柚木段	″ ″ ″	″	″ ″	三百五十元	
硬木	″ ″ ″		″ ″	二百元	
硬木（火介方）	″ ″ ″		″ ″	一百五十元	
柳安	″ ″ ″		″ ″	一百八十元	
紅板	″ ″ ″		″ ″	一百〇五元	
抄板	″ ″ ″		″ ″	一百四十元	
十二尺三寸六八皖松	″ ″ ″		″ ″	六十五元	
十二尺二寸皖松	″ ″ ″		″ ″	六十五元	

22476

貨　名	商　號	號　明	數量	價　格	備　註
一寸二寸五分四柳安企口板	上海市闆業公會公議價目		每千尺	一百八十五元	
一柳安企六寸口板	＂　＂　＂		＂　＂	一百八十五元	
二寸一松片半	＂　＂　＂		＂　＂	六十元	
一丈字印建松板	＂　＂　＂		每丈	三元五角	
一丈足建松板	＂　＂　＂		＂　＂	五元五角	
八尺寸甌松板	＂　＂　＂		＂　＂	四元	
一寸六寸一號甌松板	＂　＂　＂		每千尺	五十元	
一寸六寸二號甌松板	＂　＂　＂		＂　＂	四十五元	
八尺機鋸杭松板	＂　＂　＂		每丈	二元	
九尺機鋸甌松板	＂　＂　＂		＂　＂	一元八角	
八尺足寸皖松板	＂　＂　＂		＂　＂	四元六角	
一丈皖松板	＂　＂　＂		＂　＂	五元五角	
八尺六分皖松板	＂　＂　＂		＂　＂	三元六角	
台松板	＂　＂　＂		＂　＂	四元	
九尺八分坦戶板	＂　＂　＂		＂　＂	一元二角	
九尺五分坦戶板	＂　＂　＂		＂　＂	一元	
八尺六分紅柳板	＂　＂　＂		＂　＂	二元二角	
七尺俄松板	＂　＂　＂		＂　＂	一元九角	
八尺俄松板	＂　＂　＂		＂　＂	二元一角	
九尺坦戶板	＂　＂　＂		＂　＂	一元四角	
六分一寸俄紅松板	＂　＂　＂		每千尺	七十三元	
六分一寸俄白松板	＂　＂　＂		＂　＂	七十一元	
一寸二分四寸俄紅松板	＂　＂　＂		＂　＂	六十九元	
俄紅松方	＂　＂　＂		＂　＂	六十九元	
一寸四寸俄紅白松企口板	＂　＂　＂		＂　＂	七十四元	
一寸六寸俄紅白松企口板	＂　＂　＂		＂　＂	七十四元	

水　泥　類

貨　名	商　號	標　記	數量	價　目	備　註
水　泥		象　牌	每桶	六元三角	
水　泥		泰　山	每桶	六元二角半	
水　泥		馬　牌	＂　＂	六元二角	

貨　　名	商　號	標　記	數量	價　目	備　　註
水　　泥		美國 "Atlas"	〃 〃	三十二元	
白　水　泥		法國麒麟牌	〃 〃	二十八元	
白　水　泥		意國紅獅牌	〃 〃	二十七元	

油　漆　類

貨　　名	商　　號	數　量	價　格	備　　註
各色經濟厚漆	元豐公司	每桶(廿八磅)	洋二元八角	分紅黃藍白黑灰綠棕八色
快性亮油	〃 〃 〃	每桶(五介侖)	洋十二元九角	
燥　　頭	〃 〃 〃	〃 〃(七磅)	洋一元八角	
經濟調合漆	〃 〃 〃	〃(五十六磅)	洋十三元九角	色同經濟厚漆
頂上白厚漆	〃 〃 〃	每桶(廿八磅)	洋十一元	
上白磁漆	〃 〃 〃	〃 〃(二介侖)	洋十三元五角	
上白調合漆	〃 〃 〃	〃 〃(五介侖)	洋三十四元	
淺色魚油	〃 〃 〃	〃 〃(六介侖)	洋十六元五角	
三燥光油	〃 〃 〃	〃 〃 〃 〃	洋二十五元	
橡黃釉	〃 〃 〃	〃 〃(二介侖)	洋七元五角	
柚木釉	〃 〃 〃	〃 〃(二介侖)	〃 〃 〃 〃	
花利釉	〃 〃 〃	〃 〃(二介侖)	〃 〃 〃 〃	
平光牆漆	〃 〃 〃	〃 〃(二介侖)	洋十四元	色分純白淺紅淺綠淺藍
紅丹油 屋頂紅	鋼窗李	〃 〃 〃 五十六磅裝	洋十九元五角	
鋼窗 灰綠	〃 〃 〃	〃 〃 〃 〃	洋二十一元五角	
松香水	〃 〃 〃	五介侖裝	洋八元	
清黑凡宜水	〃 〃 〃	二 五 介侖	洋七元 七元	
水汀 金銀漆	〃 〃 〃	二介侖裝	洋二十一元	
發彩油	〃 〃 〃	一磅裝	洋一元四角五分	分紅黃藍白黑五種
朱紅磁漆	〃 〃 〃	二介侖裝	洋二十三元五角	
純黑磁漆	〃 〃 〃	〃 〃 〃 〃	洋十三元	
上綠調合漆	〃 〃 〃	五介侖裝	洋三十四元	

22478

第二區

內城西部，即三海以西之區域，幹管設西四北大街，商至宣武門附近設污水清理分廠以送水至總清理廠。

第三區

內城北部，即北皇城根街以北之區域，幹管起於護國寺西端沿北皇城根街以至鐵獅子胡同以東，擇地設污水清理分廠以送水至第一區之污水幹管。

第四區

外城全區，幹管有二：一起於宣武門外大街，繞西河沿至正陽門大街以趨於天壇。一設於廣安門大街，至西珠市口東端與由北來之幹管會合於一處，即於天壇東北設污水清理分廠以送水至二閘總廠。

(三)污水之清理 擬採以下二法：

第一步 篩濾法 於各清理分廠及總清理廠內各設篩濾池一座，以除去固體物質及渣滓，池底每日清除一次或兩次，沉澱物取出後，積存於積糞池，以備售予農戶，用作肥料。

第二步 沉凝法 於總清理廠設伊氏池(Imhoff Tank)，污水經此池後，能變易其性質，使污穢沉凝，微菌減少，洩出之水，色淡無臭，然後注入河中，即河水不甚充足，亦無大害。

(四)污水之最後處置

污水經清理後，雖污穢大減，若河水量小，或冬季無水，污水洩入後，仍難免有停滯凍固之弊。茲就其可能採用者，擬定以下三種辦法，但採用何法，須待群衆爲測量調查後決定。

(1)污水經清理後，即於二閘下流，洩入河中。此法簡易經濟，惟河水須終年不斷，並於冬季結冰時，須保有足量之潛流以資冲淡污水。

(2)沿河設污水導管直引通至通州之北運河中。此法須設長二十餘公里之導管，所費稍鉅。

(3)污水經清理後，導流至附近農地，以利灌溉，此法驅無用爲有用，可使不毛之地，變爲良田，法之至善。惟建設費過昂耳。

(五)污水流量計算法

污水流量須視市街之人口密度，每人每日最大用水量，及地下水滲透量而定。平市人口密度，據二十二年公安局之調查統計，人口最密之外一區，每公頃(Hectare)四〇七人，普通住宅區，如內一區，每公頃僅一五〇人。惟現值國難時期，百業衰微，將來市政發展，人口密度，當不止此，且市街兩旁，迄今猶多平房，此等平房將來均有改造樓房之可能，人口密度亦必有大量之增加。我國城市之繁盛者，人口最多區域之密度多在每公頃六〇〇人上下，故假定商業繁盛區之人口最大密度爲每公頃六〇〇人(約合每英畝二五〇人)，普通住宅區爲每公頃三〇〇人(約每英畝一二〇人)，每人每日用水量參照青島市與上海市之統計，假定爲七〇公升

22479

（約合一五英加侖）。再每人每日用水時間，各隨其習慣而不同，茲模歐際頓氏（Ogden）之假定，每人每日用水時間爲八小時，每公頃每

H總流域之率於八小時內流盡，準此可求得每公頃一秒鐘最大之污水流量（Q）如下：

$$綜水量 Q = \frac{600 \times 70}{2 \times 8 \times 3600} = 0.73 公升$$

$$任老區 Q = \frac{300 \times 70}{2 \times 8 \times 3600} = 0.365 公升$$

地下水滲透量，須視所用水管材料之品質，接裝方法，安設之良否，及地下水位之高低而定，普通每公里長管線之滲透量最少一一八〇〇公升，最多九四〇〇〇公升。本市地下水位甚高，水管擬用唐山產之缸管，滲透量假定爲每公里管線二五〇〇公升，將來再接各處實際情況，酌爲損益。由上所述，可規定污水總流量之計算法如下：

任在何處，污水總流域等於該處以上流域公頃數與每公頃一秒鐘流量相乘之積，再加該處以上管線之地下水滲透總量。

污水管計算之標準，假定如下：——

（1）康氏公式（Kutter's Formula）中之N爲〇‧〇一五。
（2）全滿時每秒鐘最小流速爲六公寸（約二呎）。
（3）幹管坡度最小爲〇‧〇〇一，支管坡度最小爲〇‧〇〇三。
（4）計算污水管徑以水流牟滿爲度。
（5）街巷公用污水管徑最小不得小於二百公厘。

污水溝渠初期建設計劃

北平市溝渠之建設，宜採用分流制，即整理舊溝渠以利宣洩雨水，另設新溝渠以排除污水，於溝渠設計綱要第三節中，曾反復申述，原有溝渠僅可用爲雨水道，不應豪事宣洩污水，故爲溝渠之澈底整理計，除舊溝渠須逐漸爲有計劃之疏濬外，污水溝渠之建設，亦應及時籌創。

全市污水溝渠之建設，非數百萬元莫辦，需欵過多，非本市目前財力所能及，且值此國難當前，公私交困之際，即設有大規模之污水溝渠，因市民接用，亦須耗相當財力，恐難望使用之普及，且自來水之飲用，尚未普遍，亦不必街街設管。茲擬具初步污水溝渠建設計劃

22480

，即先於繁盛街市（如王府井大街前門大街等）及稠密之住宅區域安設污水幹管及支管，以便用水較多之住戶接用，而於各街內或路口另設新式之穢水池，以備一般市民之傾倒穢水，如斯費少效宏，可期全市污水之大半，得科學之排除方法，於本市之公共衞生，實大有所裨也。

初期建設之污水溝渠為全部污水溝渠之基幹，雖經費務期其節省，但規模宜求其宏偉，俾可籠罩全局，謀永恆之發展。故須由通盤整個之設計中，定為分期實施之建設計劃。茲擬具設計步驟如左：

（一）測量及製圖　設計污水溝渠系統必備之圖樣有二：（1）全市地形圖，比例五百分之一或千分之一，（2）各市街水平圖，長度比例須與地形圖一致，高度比例為百分之一。

（二）污水總出口之勘定　污水總出口以二閘（慶豐閘）為較宜，於設計綱要第五節第一段中曾加申述。但確定之前，須為如下之考查：

1．該處河道水位及流量之測驗。

2．流往二閘各河水源之考查。

3．上下流人民利用河水情況，如飲用，漁業，灌溉等及約需水量，此項調查須上自水源，下抵通州。

4．自二閘至通州地勢之草測，以為設管引至通州北運河時估計之根據。

5．二閘附近之土壤及農產調查。

（三）市區繁盛之調查　各街市及住宅區域房屋之疏密，人口之多寡，並推測其將來發展之程度，以定何處為繁盛區（工商業區），何處為疏散區（住宅區，名勝區）。

（四）溝管之設計　可就全市地形圖，確定管線之位置，幹渠支管分佈之系統。同時按照市街水平圖，確定管線之高度。至於管徑之大小，可根據污水流量計算法與（三）項調查之結果，及庫氏公式圖解（Diagram for the Solution of Kutter's Formula）計算而得。

（五）唐山缸管產量與單價之調查，及品質之檢定。

（六）排洩區及清理總廠與各分廠廠址之勘定，及伊氏池，篩濾池，穢渣乾洒池，積糞池，穢水池，及機器房，工人宿舍等之設計。

（七）污水最後處置方法之確定，根據（二）項勘查之結果以定何種方法為最適宜。

22481

（八）訂立：

　　1　市民自動安設溝管獎勵章程

　　2　建設污水溝渠徵費章程

　　3　污水溝渠施工及用料規則

（九）製圖及造具詳細預算。

以上九條，已槪括污水溝渠設計之全部，蓋全部設計定，初期建設方可擇要施行。初期建設中擬完成之五部分如下：

（一）內外城污水幹管及支管（見附圖）共長約九萬公尺。

此項幹管平均管徑約為四百公厘，槪用唐山產缸管，柏油與麻絲接口。人孔為圓形，底砌石灣，人孔蓋用鑄鐵鑄成，人孔牆及人孔底用一：二：四混凝土打成。

（二）總清理廠　設於二閘附近，廠地面積需地約八公頃（約一百三十畝），可容面積約占一百平方公尺之伊氏池（Imhoff Tank）十座，於初期建設中暫設四座。篩濾池，積糞池，穢渣晒乾池，各設一座，機器房一座，須能容五十馬力電動抽水機六台，先設三台。修理廠，儲藏庫各一座，辦公室一間，工人宿舍七八間。

（三）污水出口之設備，須俟污水最後處置之方法確定後，再行計劃。

（四）清理分廠　清理分廠共三處。第一分廠，設內三區東四九條胡同與北小街交口附近。第二分廠，設於宣武門東。第三分廠，設於天壇東北角附近。每廠設篩濾池，積糞池各一座，機器房一座，須能容二十馬力電動升水機四台，暫設二台。辦公室一間，工人宿舍四五間。各清理分廠須採用虹式構造，建小規模之材料廠。

（五）穢水池　街市公用之穢水池須採用虹式構造，中管鐵箅，俾臭氣不得外揚，滓渣易於清除。池牆與池底用一：三：六混凝土打成，上加鐵蓋或建造小房，以保清潔。出水管徑為二〇〇公厘。全市穢水池約計須設四〇〇處。

污水溝渠初期建設計劃概算

名　稱	單位	數　　量	單價（元）	共　價　（元）	備　　考
管　線	公尺	90,000	12	1,080,000	平均管徑按四〇〇公厘計算土工接管工人孔等均包括在內
總清理廠	處	1	80,000	80,000	包括購地費全部機件及建築用費
清理分廠	處	3	20,000	60,000	同　　上
穢水池	處	400	200	80,000	
其　他				70,000	污水最後處理之設備等用費
共　計				1,370,000	

註：測量及設計用費，由工務局經常費中支付，未列入本概算內。

（待續）

22483

問　答

南京嶺南夫婦醫院問：：

閱最新式火爐，管價低廉，所傳熱度，與蒸汽管無異，且價格低廉，不知確否？

服務部答：

國產最新式火爐，仿外貨製造，使室內傳熱，確與蒸汽管無異，且價格低廉。

蘇州曹慰慈君問：：

（一）水泥平台未做牛毛毡，日後是否將發生裂縫，有何補救方法？

（二）水泥煤屑磚，在上海是否用於房屋之各部？

服務部答：

（一）水泥平台之有裂縫與否，不關未做牛毛毡，而視乎平台水泥工作之是否可靠及載重量之是否適度為判。按牛毛毡之效用在避水，非在防免龜裂。至於水泥平台發生裂縫後之補救方法，則將裂縫鑿開，而重補水泥。

（二）水泥煤屑磚在上海，大都用於內部之分間牆，不宜用於外表部份。

編　餘

前二期因為正文的篇幅增多，所以編完了稿子雖想寫幾句要說的話，但終於沒有地位而沒有寫。這裏，將本期中必須向讀者報告的，簡略地留下幾句。

本期為了急於出版，還有幾種稿件未及編入，因此，篇幅祇能稍減，而質方面的優美，那是我們敢自信的。尤其插圖的取材為有價值。不過這的成份離則略少，——

「上海永安公司擴充的新廈，高凡二十二層，是與四行儲蓄會派克大廈媲美。惟此屋某地係三角形，故設計顥具匠心；內部除底下五層作營業商場外，六層以上則關為電影院，茶園，及露天散步場等，設計極新顥特緻。本期爰載其全套圖樣，以便讀者窺其全豹。

美國一九三四年建築圖樣大競賽，應徵者一千餘名，經評定錄取出類拔萃者二十九名，各有特長，可資參考。且此項圖樣均屬小住宅，尤注意窗之設計，故於窗的位置形式等等，無不別具創見，本刊特全數製版發表。

因所佔篇幅甚多，本期先刊前十名，餘俟下期續登。

林同棪君之「克勞氏法」續稿，因本期趕前出版，尚未寄到，祇能等到下期再繼續刊登，請讀者原諒！

還有，自從本刊露佈了出版叢書的計劃後，承各地建築界人士紛紛函詢出版日期，同人非常感激。現正積極進行，以期早日實現；建築辭典與單行本，業經編就大部，一俟定稿，即行付樣，藉副厚望。出版後當在本刊登載廣告，尚請注意。

預定

全年	十二冊	大洋伍元
郵費	本埠每冊二分,全年二角四分;外埠每冊五分,全年六角;國外另定	
優待	同時定閱二份以上者,定費九折計算。	

投稿簡章

1. 本刊所列各門,皆歡迎投稿。翻譯創作均可,文言白話不拘。須加新式標點符號。譯作附寄原文,如原文不便附寄,應詳細註明原文書名,出版時日地點。

2. 一經揭載,贈閱本刊或酌酬現金,撰文每千字一元至五元,譯文每千字半元至三元。重要著作特別優待。投稿人卻酬者聽。

3. 來稿本刊編輯有權增刪,不願增刪者,須先聲明。

4. 來稿槪不退還,預先聲明者不在此例,惟須附足寄還之郵費。

5. 抄襲之作,取消酬贈。

6. 稿寄上海南京路大陸商場六二〇號本刊編輯部。

建築月刊

第二卷·第八號

中華民國二十三年八月份出版

編輯者	上海市建築協會 南京路大陸商場
發行者	上海市建築協會 南京路大陸商場
	電話 九二〇〇九
印刷者	新光印書館 上海麥母院路聖達里三一號
	電話 七四六三五

版權所有 • 不准轉載

22485

本廠承造之市中心區住宅之一種

協順建築公司

沈生記_{合號}營造廠

總寫字間：南京路大陸商場五四八號

廠　設：上海英界租海匯山路

電　話　九一八五八

本廠專造棧房碼頭橋梁住宅以及各種鋼條大小水泥工程

SPECIALISTS IN

GODOWN, HARBOR, BRIDGE, REINFORCED

CONCRETE AND GENERAL CONSTRUCTION WORKS.

YEH SHEN CONSTRUCTION CO.

SANG SUNG KEE, (HOP-HAO) BUILDING CONTRACTORS.

Head Office -- 548 The Continental Emporium.

Nanking Road, Shanghai.

Telephone -- 91858

22486

22487

22488

22489

22491

22492

The Robert Dollar Co.,
Wholesale Importers of Oregon Pine
Lumber, Piling and Philippine Lauan.

22495

22496

22497

22498

昌升建築公司

上海四川路三十三號
電話一六一六六號

本公司專門承造各式中
西房屋以及銀行堆棧廠
房橋梁道路水泥塢岸碼
頭鐵道等一切大小鋼骨
水泥工程辦事認眞工作
迅捷如蒙
委託估價無不竭誠歡迎

CHANG SUNG CONSTRUCTION CO.
33 SZECHUEN ROAD. TEL. 16166

22499